海·洋·密·码·科·普·丛·书

蓝色宝库

阎安◎编著

江蘇鳳凰教育出版社
Phoenix Education Publishing, Ltd

图书在版编目(CIP)数据

蓝色宝库 / 阎安编著. —南京:江苏凤凰教育出版社,2014.12(2017.1重印)
(海洋密码科普丛书)
ISBN 978-7-5499-4457-6

Ⅰ.①蓝… Ⅱ.①阎… Ⅲ.①海洋资源—普及读物
Ⅳ.①P74-49

中国版本图书馆CIP数据核字(2014)第227715号

目录

海洋牧场

海洋药库

海上交通线

海洋带动了沿海经济发展

海洋是人类未来的生存空间

生命的摇篮

大海是人类最大的水资源宝库。人类生存的地球，海洋面积约占整个地球面积的70%。宇航员从宇宙飞船上俯视地球，地球是个淡蓝色的水球，而人类居住的陆地只不过是海洋中的“岛屿”。地球上的水资源中97.5% 为海洋咸水，陆地淡水只占 2.5%，其中南北两极雪山占淡水的绝大部分。

南极冰山——人类的淡水库

水是人体的重要组成部分，一个人体内的水分占体重的70%。这些水可以调节人的体温，具有输送营养、排除废物和毒素的功能，是维持人体活动必不可少的物质。水也是生命之源。有人曾做过一个实验，一个人断粮断水最多能活七天，如果只断粮，却有水喝，能存活三十天左右。

陆地的淡水本来就很少，加上用水量的增加以及水污染的加剧，全世界有一百多个国家和地区面临淡水危机。世界七十几亿人口中，有近三分之一的人口缺水。美国科学家所做的一份报告指出：水将是未来战争的根源。我国有很多城市缺水，每年夏天不得不采取限量用水的手段来暂时缓解水短缺问题。因此，解决用水问题已成为人类生存所面临的迫切问题。

人类求生存，寻找淡水的最大出路是南极冰川。南极是个冰雪的世界，冰川总面积约有1400万平方千米，约占全球冰川总面积的86%。南极的冰山，是陆地上的雪水结成的，是淡水资源。南极的总储水量约为2160立方千米，占全球淡水总量的90%。在南极的海洋里约有22万座冰川，最大的冰山达2.6平方千米，露出水面40余米高。南极储存着如此巨大的淡水资源，究竟怎样利用才能解决生存的“水荒”呢？近百年来，许多科学家早想到对这一宝贵资源的利用了。

20世纪70年代，沙特阿拉伯王子穆罕默德·法依尔任国家海水淡化公司总裁，他有一次召开会议，突然提出要拖运南极冰山，解决国家的缺水问题。

手下们听到吓了一跳，觉得这主意简直是太离谱了。但王子一脸认真，随后成立了专门的研究小组。

阿拉伯国家干旱缺水，水资源短缺，严重影响了国家的经济发展。虽眼下依靠出口石油换来的钱，建立了一些海水淡化工厂，从海水中提取淡水，但石油的储量是有限的，而且越来越少，估计再过几十年就资源枯竭了，不如趁石油大量出口的机会，尽可能获得更多淡水，使沙漠变绿洲，那样就能调节气候，增加降雨量，彻底缓解国家的“水荒”问题。可是到哪里去弄这么多淡水呢？办法有一个，那就是去南极搬运冰山。据估算，一座 2000 平方千米的冰山，可供一个 100 万人口的城市全年的生活用水。可是南极离阿拉伯国家太远了，但他们没有被困难吓住，努力找到一个解决办法：去拖运冰山！

研究小组告诉王子：这个方法完全行得通。他们举了两个例子。1886 年，有人从南极拖运一座小冰山到阿根廷；1896 年又有一艘帆船把一座冰山从南极洲拖运到 3840 千米远的秘鲁。现在是 20 世纪 70 年代了，为什么不能把大冰山拖运到沙特阿拉伯呢？法依尔王子点了点头。于是在 1975 年 11 月，他委托法国一个科学研究委员会，专门核算拖运南极冰山的成本。

把冰山从千里迢迢的南极拖运到沙特阿拉伯路途中会遇到哪些问题呢？科学家们对此进行了仔细的分析。运输途中，咆哮的狂风巨浪，会不会把冰山打碎？赤道上空炎热的太阳会不会把冰山融化？温暖的海水在冰山底部会不会融化部分冰山？等到冰山运到沙特阿拉伯时能剩下多少？委员会经过反复核算，认为最多消耗 20%，1 吨水的成本约为 60 美分，而淡化海水则要 80 美分。

法依尔王子看了这个计算结果十分高兴，于是下定决心辞去海水淡化公司总裁的职务。他集资 100 万美元，创建了“国家冰山运输公司”，还聘请了法国一家技术公司的人做技术顾问，准备进行“冰山运输工程”。

筹划刚刚有了眉目，法国的那家技术公司突然倒闭，这给了王子当头一棒。但他没有灰心。1977年10月间，在美国艾奥瓦州立大学倡议下，召开了第一次南极冰山利用国际会议。法依尔王子最初认为不会有多少人响应，最多不会超过二十人。然而出乎他意料的是竟有十八个国家的二百多位冰山学家、水动力学家、海洋学家出席，并宣读了一百多篇论文。

正当会议开得热闹时，突然门口一个人吵闹着闯了进来，大家不约而同地向门口看去，只见那人运来一块庞然大物，洁白无瑕，上面醒目地写着一行大字：献给会议的礼物。原来这块庞然大物，是主张搬运冰山的人用飞机从靠近北极附近的阿拉斯加运来的冰块，重2175千克。

这个举动一下给会议增加了气氛，引起了与会者的极大关注。有人马上开始计算到底飞机运冰山合算，还是用船拖运冰山合算。美国人得出了结论：把120立方米的南极冰山运到加利福尼亚只需30美分，比建运输管道便宜一半。而冰山不但可以取淡水，还可以对付热污染。澳大利亚离南极很近，自然对于利用南极冰山也有浓厚兴趣，把一座小型冰山运到阿德莱市，可供18万人全年所用。如果把17千米长、10千米宽的冰山运来，则可供该市用30年！

计算的结果鼓舞人心，大家都在一个字上产生了兴趣，那就是“运”。于是许多运冰山的方案出台了。

那么科学家针对运输冰山中的困难有哪些对策呢？

运输冰山要选择合适的冰山类型，也要选择大小适中的。南极冰山可分成巨台状型、台状型、圆顶型、倾斜型、破碎型五类。运输的冰山应尽量选择形状规则的，冰山的大小也要适当选择。虽然冰山体积越大，淡水越多，但是太大会给拖运带来不小的困难，而太小的话，淡水量少又不合算，所以要选择适中为宜。据估算，南极冰山约有22万座，但要选择合适的也不容易。于是有人提出利用人造卫星来选择冰山，坐在室内看照片就可以选到合适的对象。

南极冰山一般体积巨大，重量也很惊人，普通的冰山都是几百米宽，高出水面几十米。运输这样的庞然大物，航程又如此之远，实在是一件很艰难的事情。例如一座长1500米、宽300米、高200米的中等冰山，大约有1亿吨重，用万匹马力拖船来拖航，少说也得几十艘。即使是这样，拖运的航速也很慢，从南极运到美国海岸，需要一年多的时间。这样长的时间，油船要跟随以便及时加油，这又增加了一层麻烦，而且拖冰山的钢索因摩擦生热，会陷入冰中，甚至可能会使冰山裂开。因此，拖运冰山并不是最好的一个策略。

美国科学家科纳尔提出了一个大胆的想法：为什么不能让冰山自主航行呢？他提出一个利用温差产生动力驱使冰山自己航行的方法。这种方法利用冰山与周围海水之间的温差推动冰山，当然还需要在冰山一端装上蒸汽涡轮推进器。因为冰山下面的海水温度要比冰山本身高11℃，这个温度已经足够把液态氟利昂变成气体了。受热膨胀的气体压力就可以启动发动机，冰山也就会像动力船一样自己行驶前进了。

科纳尔算了一笔账：拖运一座普通大小的冰山，需要有40名机组人员操作12个氟利昂动力系统。也有人提出与科纳尔方案相类似的办法，即在冰山尾部和两侧安装以原子能为动力的40万马力的推进器，前面还需要少量船只做引导，这个办法是最经济的。

冰山经过赤道附近海域时怎么办？高温会不会把冰山融化了？科学家也想到了解决办法：用涂有散热降温物质的塑料薄膜为冰山穿上一套隔热“外衣”，问题就解决了。不过冰山的中间位置需要开几个洞，以便让这些部位的冰露出来，直接接受阳光的照射，逐渐融化，就等于在冰山上开凿几个贮水池子，这样做既可节省塑料，又可缩短到目的地后融水的时间，可谓一举两得。

冰山运输到目的地后，解决居民的饮水问题不难，可用于灌溉仍须花费一些人力物力。有人设想让冰山自动灌溉。他们设想在干旱地区建造巨大的水池，用运输管道将冰山引入池中。水从池中蒸发形成云，云层变厚变密后形成雨水降落到地面，这与控水渠相比节约得多。但是从水池蒸发的水能落在什么地方，这成了科学家们比较头疼的问题。亚利桑那大学一位教授指出，在亚利桑那州蒸发的水蒸气，只有60%在本州降落，可见这种方法虽然简单，但是效果并不理想。

拖运南极冰山来解决人们的用水危机这一方法尽管仍处在“纸上谈兵”的阶段，并且操作起来会有很多困难，但它毕竟为人类解决“水荒”提供了一个可操作的具体办法。相信随着科学的发展，人们一定会想出更好的办法，让南极冰山化为甘泉，为人类造福。

五百年前的奖赏令

有一家杂货铺里放着个奇怪的东西，说它像水缸，可是没有底，说它像烟囱，可是又太大，而且这种东西的材料非木非竹，非金属非砖石。有一天，一名海船商人路过这家杂货铺，发现了这一奇物。他看了又看，摸了又摸，舍不得离开。店主走来，询问商人是否想买下这个东西。商人说：“买！你要多少银子？”店主敲竹杠说：“这是我家祖传宝物，非十两银子不卖。”商人二话不说，付了银子，叫人将宝物抬了就走。店主纳闷，问道：“你花这么多银子买这件东西有什么用处吗？”海船商人说：“此件东西叫‘海井’，是一口专门制造淡水的井。只要将它放在海里，不愁没有淡水喝。”说完，他又拿出一百两银子赠给店主。

显然，这是古人的一种幻想，是“画井解渴”，那么随着科学技术的发展，科学家到底有没有办法把古人这种幻想变成现实呢？

早在16世纪，英国伊丽莎白女王就开始为海水的淡化问题发愁了。她在当时颁布了一道奖赏令，一时轰动了科技界。这道奖赏令说，谁能发明一种廉价的方法，既能把苦涩腥咸的海水淡化成可供人类饮用的淡水，成本又很低廉，那么这个人就可获得女王的奖赏，当时奖金是10000英镑。

在当时，这笔奖金是个不小的数目。伊丽莎白女王为什么对海水淡化有这么大的兴趣呢？难道这是她一时的心血来潮吗？

当然不是。这是由于英国女王最近刚刚看到一份科学家提交的报告，又听闻哥伦布探险时在海洋上对淡水的渴望，这些对她触动很大。当时的科学家已向人们发出警告，说根据他们的预测，到21世纪末，人类用水的需求量会超过人类所能支配的淡水量。到那个时候，如果不采取措施找到足够的淡水，人与人之间就可能因为争夺淡水而产生冲突，国与国之间也可能会因争夺淡水而爆发战争。

这则消息让女王很震惊，她赶紧问身边的官员有没有解决的办法。官员告诉她，人们身边就有很多淡水，大海里的海水中有九成是淡水，简直喝不完，但惟一的问题是海水不能喝，必须去掉盐才行，而提取淡水又必须花掉很多钱，因为海水淡化的成本实在太高了。有没有别的办法呢？没有，只有依靠淡化海水这个方法了。女王想，人类如果到了没有水喝的地步，那还了得，赶紧想办法鼓励科学家尽快研究吧！于是，她就下了这道奖赏令。

几百年过去了，人们提出了种种淡化海水的方法，但都不符合女王提出的那两个条件，即既能饮用，又成本低廉，因此始终没有人得到奖赏。

数百年来人类为寻找海水淡化的方法而苦苦探索着，走了一条曲折艰辛的道路。海水含盐量很高，平均3.5%左右，而我们日常用的饮水含盐量在0.05%左右，工农业用水的含盐量则可以稍高一些，但也只在0.3%左右。要使海水变成淡水，就需要去掉海水中的盐分，海水淡化就是指脱盐。

历史上最早研究海水淡化的是希腊的哲学家柏拉图，在那个年代他就已经认识到如果采用植物性材料来过滤海水，盐分就会在不透性材料上面贮存下来。罗马史学家普利纽斯在他的《自然史》中写道：“航海者在海上做长时间海上旅行时，把海水装在陶罐里，使其蒸发，在罐盖上出现冷凝水，便可以收集利用。”后来许多航海者都用蒸馏器提取淡水，解决燃眉之急。

19世纪末，轮船上使用蒸汽机之后，船上开始用锅炉作为推进器，为了解决锅炉用水和船上船员的饮水问题，人们在船上安装了制造淡水的蒸发器。1877年，世界上第一台固定式淡化装置在俄国巴库建成，此后其他国家纷纷采用这种设备。但是这些都是海水淡化的“初级阶段”，大规模的海水淡化是1950年以后的事情了。

1975年世界上日产淡水95吨以上的淡化装置有1036个，总产水能力每天约200万吨，比1972年增加了28%，造水量增加了51%。1977年日产95吨淡水的装置达1500个，总造淡水量每天371万吨。1980年以后像科威特等国家，淡化装置已普及全国，海水淡化日产量早已达100万吨以上。

我国的海水淡化情况如何呢？根据2011年海洋局的调查，我国的海水淡化规模很小，日产淡水在100万吨左右。我国是一个缺水的国家，全国六百多个城市中，有三分之二的城市在闹水荒，其中百余个严重缺水。要解决城市缺水问题，除其他措施外，海水淡化是其中一个重要的解决办法。山东地区发展较快，2007年就新建海水淡化工程16处，日淡化海水3.2万立方米。据有关部门说，到2015年，我国日海水淡化可达260万立方米。

目前世界上海水淡化有哪些方法呢？现在世界上有二十几种海水淡化的方法，但生产规模较大的主要有三种——反渗透法、蒸馏法、电渗析法。这三种方法已投入工业规模的生产，特别是多级闪蒸馏法、多效竖管蒸馏法、蒸汽压缩技术工艺已比较完善。

反渗透法是一种膜分离法，在外压力作用下的反向渗透现象就叫反渗透。反渗透膜是反渗透淡化器的心脏，目前，主要有芳香聚酰胺膜、醋酸纤维素及其衍生物膜及其他有机无机材料膜等。现今反渗透淡化装置主要有四种：螺旋卷式、管式、板式、空心纤维式。四种装置中，螺旋卷式和空心纤维式装置单位体积产水量较多，适用于建造大规模装置，其次管式装置发展也很快。一个大型反渗透海水淡化厂要有很多的膜卷。例如美国为沙特阿拉伯吉达港建的反渗透海水淡化厂，共安装4032个膜卷，日产淡水1.2万吨。2011年5月投入使用的哈代拉海水淡化厂，年产淡水量达到1.27亿立方米，为世界最大反渗透海水淡化厂。2011年以色列内阁会议决定，要在北部城市海法附近建一座世界上最大的反渗透海水淡化厂，年产淡水量1.5亿立方米。这座工厂名为索雷科海水淡化厂，规划占地面积30万平方米，包括泵站、水库、输水管线和电力设施。全部完工后，以色列海水淡化将满足全国80%的水资源需求。

蒸馏法是将海水加热沸腾变成不含盐分的蒸汽，蒸汽遇冷后凝聚成水珠并汇集成淡水。蒸馏法研究的历史比较长，在供水方面作用最大、应用最广。1977年运用蒸馏法，世界日造淡水量达288万吨，占所有淡水的78%。蒸馏法装置的类型有单级闪蒸馏、多级闪蒸馏、浸管式、薄膜竖管式等，其中多级闪蒸馏法造水量居首位，占整个蒸馏水的84%。

电渗析法主要依靠离子交换膜。离子交换膜分阳离子交换膜和阴离子交换膜两种。简称阳膜、阴膜。阳膜表面带负电荷，阴膜表面带正电荷。根据同性相斥、异性相吸的原理，那么带负电荷的阳膜的表面排斥阴离子，而让阳离子通过，带正电荷的阴膜则恰恰相反。如果将阴、阳离子交换膜交替地排列成多室电渗槽，并在膜组两端配置阴、阳两极，阳极一侧以阴离子交换膜开始，阴极一侧以阳离子交换膜终止，让海水通过后，在膜组两端加上直流电，这样海水中的阳离子向阴极迁移，阴离子向阳极迁移。由于离子交换膜上的离子有选择透过的性质，那么，海水中的钠离子和氯离子作为盐溶液从膜间室中流出，脱盐淡水也通过专门管道流出。这种方法关键取决于膜的发展状况。离子交换膜有的用空心纤维，有的用塑料等。我国生产的膜接近了世界先进水平，已生产出各种类型、大小不同的电渗析淡化器，现已被广泛使用。

目前所有海水淡化的方法都不尽如人意，其中问题之一是成本太高，甚至水比油贵，最便宜的是蒸馏淡化，但成本也相对较高，约为日常自来水成本的好几倍。如果利用废气、废热来发电，淡化的成本可能会下降很多。当前科学家的主攻方向，一是改进淡化技术，二是综合利用能源降低成本。相信随着科学技术的发展，总有一天英国女王的奖赏会被人拿走，海水淡化会廉价，海水将成为人类取之不尽的甘泉、用之不竭的生命水源。

海洋中的淡水井

一位记者有一次去海南采访，在机场遇到几个飞行员，他们都是海军航空兵，在问到他们为何驾机飞到海南时，他们回答："到南海找淡水。"这位记者有些好奇：海洋中有单独存在的淡水吗？飞行员们介绍了一位海洋找水专家，请他介绍了海洋中存在的奇特的淡水井。

"你们既然是记者，那我就讲得详细点！"这位记者和飞行员围坐在一棵椰树下，听着专家讲这方面的故事和知识。他说在很早以前发生过这样一件事：意大利航海家哥伦布第三次横渡大西洋时，船到南美洲委内瑞拉的奥里诺科河口外面时，船上的淡水几乎用尽了。干渴难忍的船员为了争夺仅存的一点淡水，互相拼起命来，殴斗得难分难解。争斗中，一名船员被扔进大海，同行者急忙拿来救生圈，正准备抛给落水船员时，只听见这位落水船员惊奇地叫着："淡水！淡水！这里是淡水！"他咕咚咕咚大喝起来，接着挥动双臂，高声喊着：“快下来喝吧！这里的水是甜水啊！”

开始其他人有些不相信，以为这个人被渴疯了，海水里怎么会有淡水呢？有人抛下木桶，叫这位船员打上一桶，大家一喝，果然是淡水！于是大家都争先恐后地跳进水里，喝了个痛快，一场殴斗化解了，每个人都高兴得像个孩子。

这个故事也告诉我们海洋中确实存在奇妙的淡水井。科学家说在阿根廷的拉普拉塔河口也发生过类似的事情。有一支日本的捕鱼船队曾在这个地方捕鱼，当时正值阿根廷爆发战争，一切船只禁止靠岸补给，他们只好在拉普拉塔河口抛锚。几天过去了，船上的淡水用完了，万分焦急的情况下，他们不得不向岸上发报请求支援。很快，阿根廷派交通艇送来粮食蔬菜，却没有一滴淡水。日本船队以为他们忘了淡水的事情，又发报要淡水，结果阿根廷发来电报：“贵船即在淡水之中。”船员们十分怀疑，抛锚之处应该是苦涩的海水，哪里来的淡水呢？船员们半信半疑地用桶打上一桶水，一喝，果真是淡水。

科学家们后来发现海洋中的淡水井有很多，美国的佛罗里达半岛以东距海岸不远的海面上有一个直径为 30 米的淡水井。远远看上去水的颜色好像是深蓝缎子上镶嵌的一块圆圆的绿宝石，这 30 米之内的水是清甜的淡水。

这时，这位记者好奇地问专家：“你们在南海也发现这种淡水井了吗？用什么办法找到这些淡水井呢？”专家说，在南海初步找到了十几处淡水井，其中闽南漳浦县古雷半岛东面有个盛产淡菜的小岛叫菜屿，在离它 500 米左右的海面上就有一眼淡水井，周围都是苦咸的海水，惟独这里冒出来的水是清甜的。专家说，现在科学发展了，他们在飞机上装上了遥感技术仪器，飞过海面时，淡水和海水在图像上有不同的反映，因此发现海洋上的淡水井并不困难。掌握了南海这些资料，便于应急使用资源。

这位记者接着又问：“海洋中这些神奇的淡水井是怎样形成的呢？”专

家笑着说，淡水井看起来神秘，说出来就一点也不神奇了，它与陆地上的地下水一样，都来自陆地上的大气降水。当雨水降落到濒临海洋的陆地表面以后，一部分会渗入地下，如果地下的渗水岩层或裂隙向海洋倾斜，而且下面又有不透水层，渗入地下的水就会汇成河流，在重力作用下，沿着地下透水层、岩层面流入海洋。一旦遇到出口，水流在水位差的压力下，就会像泉水一样喷涌而出。比如美国佛罗里达半岛那块淡水区的海底就有大规模的石灰岩层通往陆地，而且海底又是一个锅底状的小盆地，盆地中间深约 40 米，周围的深度为 15~20 米。盆地中有水势极旺的淡水泉，昼夜不停涌出淡水。据科学家考察，这个海中淡水井涌出的水量为每秒 40 立方米，要比陆地上大得多。就这样，泉水在海中日夜喷涌，在风力流的影响下，从泉眼斜着上升到海面，从而形成了海中的淡水井。

专家指出，开发海洋中的淡水资源，要比海水淡化来得划算，特别是对那些干旱的缺水地区而言有着十分重要的意义。相信随着陆地“水荒”的危机日益凸显，人们不会让海洋中的淡水白白流掉的。

“海水西调”工程

为了解决中国的缺水问题，一些人提出了一个大胆的设想：要把渤海搬到内蒙古。把渤海搬到内蒙古，这不是痴人说梦，而是我国许多有识之士为了解决西部和北部缺水的问题而提出的“海水西调”工程。专家们认为，既然可以“南水北调”，把南方江河里的水调到北方，解决北方用水的问题，为什么不可以实行“海水西调”，将渤海水引入沙漠，化戈壁为良田？

在新疆召开的“陆海统筹海水西调高峰论坛”上，来自全国各地的专家会聚在一起，为推动这项工程的进度而出谋划策。但在许多人看来，把海水引入沙漠的想法荒诞不经，甚至是不可接受。而另一些人则认为，海水西调有科学依据，是一个锦囊妙计，完全可以实现。

海水西调的设想不仅有科学的依据，而且有技术的支持。这项工程的基本思路是从渤海海岸把海水提升到海拔 1200 米的高度，然后顺着修建好的渠道，输送到内蒙古自治区东南部，再顺着北纬 42° 线东西方向的洼槽地表，流经燕山、阴山以北，出狼山向西进入居延海，绕过马鬃山余脉进入新疆。在新疆分为北、中、南三支，北支进入艾比湖，中支进入吐鲁番、哈密盆地，南支进入罗布泊盆地。

海水西调工程可以构成两个循环体系，一个是区域经济循环，另一个是自然循环。区域经济循环是以当地丰富的煤炭资源为能源，建造大型火力发电厂，电厂的廉价电力用于海水西调，利用主机余热（也就是廉价蒸汽）进行海水淡化，淡化水可供电厂自用，也可以供工业用或民用，而高度浓缩的海水，可就地建厂发展海洋化工，制盐、提钾、提溴、提碘等。这样的统筹设计，可使西调的海水基本实现零排放。自然循环是将西调的海水在沙漠形成“人造海”和大片湿地，靠自然蒸发，增加空气中的湿度，增加当地的降雨量，改善当地的生态环境，实现水的大循环。

为什么科学家会选中渤海呢？这是因为渤海距内蒙古境内的浑善达克沙地只有 400 多千米，不算太远，而浑善达克沙地是对北京气候构成严重危害的沙漠之一。渤海湾有海河、黄河、辽河、滦河等大陆河流注入，含盐量相对较低，得天独厚的地理条件让渤海成为惟一的选择。

西部地区的干旱缺水造成了该地区的沙漠化和工农业生产困难的恶劣生态环境，严重危害了当地人民生活和经济社会发展，缓解当地干旱问题迫在眉睫。海水西调是解决西部地区常年干旱的最好的解决办法。

据专家研究，西北地区降雨量的多寡取决于三个条件：一是西风带；二是高山冷凝系统；三是水汽供应源。前两个条件是大自然赐予的，已经具备，惟独缺乏第三个条件。如果把渤海水调到内蒙古和新疆地区，使内蒙古和新疆沙漠中封闭的构造盆地形成一个个盐水湖或者人造海，这样水汽供应问题就能够解决。通过海水的蒸发，西北地区的空气中会充满水汽，增加水汽供应源。这样，就可以缩小沙漠面积，扩大湿地面积，从根本上改变西北和华北地区干旱的恶劣生态环境。

干旱的沙漠中有了一个个人造海会产生增湿效应、增雨效应，产生湿地与水库效应和绿洲效应。南水北调要翻越秦岭大山脉，工程量巨大，而渤海水西调，工程量相对较小，施工相对较容易，经济效益也大。

或许有人会问，从科学上来说是有根据的，技术上也可以办得到，可是这样一来，是否会影响内陆的土壤结构，造成不可逆转的生态影响？专家们认为不会造成任何不利后果。渤海的海水与太平洋相连，一般自净周期为五年，而引入渤海海水，能够将净化周期人为缩短，促进渤海地区环境改善，甚至能促进养殖业发展。

专家们甚至还选好了运输材料：采用不易被海水腐蚀、稳定性强的玻璃钢管，钢管直径为 8 米，一般可使用二三十年，基本能满足需求。调入内陆的海水第一步先要通过半透膜过滤，达到淡水与盐的分离，从而保证后期进入内陆的水源变为淡水，避免海水流经内陆带来土地盐碱化等危害。这样海水西调对环境就不会产生不良影响。

那么，如此巨大的工程，得花费多少成本呢？把海水送到 400 千米远的内陆，当然需要一笔很大的投资。但专家们算了一笔账：如果按照上面的计划进行海水西调工程，平均每吨水的成本是 4 元。而现在当地工业用水的价格是每吨 12 元。这就是说，不但不亏，还能赚 8 元钱的差价。况且，工业用不了的淡水可以用来发展农业、养殖鱼类、开办牧场等，使当地的工农业都能得到发展。

海水西调工程涉及内蒙古、新疆、甘肃，如果能够落实，这些省区将获得很大的利益。有了充足的水源，满足了工业用水的需求；缺少生活用水的城市，也不必再为喝水而烦恼；农业、工业繁荣了，第三产业也能得到发展。从长远来看，这个项目不仅能够回收成本，还可以产生很好的经济效益。

海水西调的路线就好比一条卧在我国北部的“巨龙”，环渤海地区是“龙头”，沿线地区是“龙身”，新疆就是“龙尾”。一旦海水西调、陆海统筹战略实施，这条巨龙就会活跃起来，使新疆等西北地区发生根本变化，由此带动经济腾飞，早日重现千年楼兰的盛景。

直接利用海水的前景

除海水淡化外，人们还可以直接利用海水，为工农业服务，这已越来越显示出广阔的前景。

在农业上，可以用海水代替淡水灌溉。长期以来，人们都在设想直接利用海水来灌溉农作物，以减轻淡水的压力，也就是说，把农作物“吃”淡水的部分省下来。但是上千年来人们的各种尝试都失败了，这成为一个困扰人类生存的问题。历史进入20世纪80年代之后，科学技术突飞猛进，用海水直接灌溉农作物已成为可能。

红树林不是常年浸泡在海水里也长得很茂盛吗？大米草不是生长在海涂上吗？它们的特殊性就是喜盐和耐盐。科学家们从红树林及各种海洋植物中得到了启发，他们利用遗传工程，对这些植物从种子基因到生态环境进行研究，结果发现它们的基因与陆生甜土植物不同，正是这种特殊基因，使它们成为盐生植物，适应了海水浸泡的生态环境。

科学家们探索用海水直接灌溉的农作物主要从两方面入手：一是寻找既可用海水直接灌溉，又可作为粮食的天然植物；二是根据咸土生长的盐生植物基因，改良现有的甜土粮食作物的品种，使其能够适应海水浸泡的生态环境，成为喜盐农作物。科学家在改良甜土农作物使其适应海水灌溉方面也取得了进展。亚利桑那大学的韦克斯教授在1991年完成了一种盐生植物——盐角草属的杂交种植试验后，又潜心研究了高粱种子基因，通过选择育种和遗传工程，改变了甜土高粱的种子基因，使之适应咸土环境。韦克斯认为，高粱不仅生长速度快，而且根须多，水分吸收快，只要解决了耐盐问题，海水灌溉和咸土生长就非常有可能。

美国的科学家罗宾斯同样对高粱的耐盐问题研究了很多年，他把非洲的高粱和苏丹草杂交，得出一种独特的杂交品种——苏丹高粱。这种植物根部能分泌出一种酸，可以快速融化土壤中的咸盐成分，并吸收水分。这样，海水直接灌溉后，盐分自然会被很快溶解掉，从而不影响高粱生长。

美国另一位科学家米希尔则在试种一种西红柿新品种，这种西红柿与我们平时吃的西红柿没什么不同，只是维生素更充足。他研究发现，普通甜土中生长的西红柿不耐盐，但在海边生长的一种野西红柿口感更好，既鲜红又饱满，是制作沙拉和三明治的绝好食材。

以上的种种事例只是农业科技发展中的冰山一角，实际上许多国家都已进入大规模用海水灌溉农作物的阶段。我国在改造盐碱地方面也取得了可喜的成绩，当年的盐碱地，如今变成了粮仓。随着科学技术和遗传学工程的发展，海水利用在农业上将会出现一个新天地。这样，过去生产1吨水稻需要5000吨淡水的情况就会改变，用海水代替淡水灌溉，大量淡水就可以变为人类饮用水了。

工业方面，海水可以代替工业冷却水。一般来说，城市中用水量最大的不是居民而是工业和园林，尤其是工业用水，往往占城市用水的八成左右。据统计，炼1吨钢需要250吨淡水，生产1吨合成氨需要冷却水200～500吨。因此，直接用海水代替淡水作为工业冷却水，能大大地缓解城市用水紧张，尤其是在沿海城市，潜力巨大。在这方面找出路是解决城市“水荒”很有效的途径，目前许多国家都在探索和开发这方面的技术。

的确，用海水冷却没有淡水那么方便，它要解决一系列技术上的难题，如海水对设备的腐蚀，管道结垢，海洋生物造成管道堵塞等。另外，泥质浅海岸泥沙淤塞、海水水质污染等也给冷却装置带来麻烦。但是这些难题比起“水荒”来，还是容易解决得多。目前日本、美国、英国利用海水作为工业冷却水已占相当大比例，沿海城市发电厂基本用海水冷却。

英国是世界上以海水作为工业冷却水最早的国家，这种冷却采用两种方式，一是间接转换冷却，包括制冷装置、发电冷凝、纯碱生产冷却、石油精炼、动力设备冷却等；二是直接洗涤冷却，即海水与物料直接接触，如高位冷却化工蒸发过程中加热产生的二次蒸汽以及直接用海水洗涤化工生产中的各种尾气等。

现代科学技术已经能够解决腐蚀和海生物附着的难题，不断扩大海水直接利用的范围。美国、日本采用海水冷却技术结合使用大剂量杀虫剂的办法，克服海生物附着问题；采用电器防腐、管内贴衬等技术，大大减少海水对设备的腐蚀。

许多国家还在开发研究海水在工业生产中的直接利用。如用海水制取建筑材料，以海水为原料制造各种建筑用的管材，包括制造类似钢筋混凝土的材料。还可以将海水用于纺织工业，因为海水中存在着很多天然物质，可提高纺织工艺，如氯化钠对直接染料能起排斥作用，可促进染料分子尽快上染，起到促染作用。另外，海水中某些元素带负电荷，经海水处理过的纤维表面带有负离子，这样的布料可排斥尘土，从而提高织物的质量。世界各国现有的沿海核电站基本上都是用海水冷却，我国也不例外。这可以大大节约宝贵的淡水。

海底的瑰宝——油气资源

目前人类所需的能源一半以上要依赖石油和天然气，其中西方工业国家甚至占75%。而据科学家的估计，陆地上的石油天然气资源不久将会枯竭。因此近几十年来，人们将目光转向了浩瀚的海洋，向海洋要石油，向海洋要天然气。海洋给人们带来了希望。经过调查及实践发现，海底石油非常丰富，许多海域成为“海底巨大油库”。科学家最近做了一项估算：全世界可供开采的石油储量是3000亿吨，其中海洋占45%，为1350亿吨。海洋中的天然气储量是140亿立方米，占全世界天然气储量的一半左右。可见海洋这个蓝色聚宝盆将源源不断地为人类提供能源。

海底油气形成的奥秘

石油是非常重要的能源，但是，也许有很多人并不一定知道石油还有其他许多用处。石油开采初期，只是从中提炼煤油和润滑油等一般产品，石油中的许多重要部分都被当成废物处理了。现在的情况不同了，先进的科技已把石油所潜藏的一切用途都挖掘出来了。石油和人们的生活息息相关，人类几乎到了一天也离不开石油的地步。

从石油中提炼出来的汽油、柴油等，是各种内燃机的燃料，所以它是工业、农业和交通运输的动力；从石油中提炼出来的高级用油，是超音速飞机、导弹、火箭的燃料，所以它是重要的战略物资；从石油中提炼出来的润滑油，是各种机械、仪表运行必不可少的物品；提炼的耐高温、耐高压、耐低温、耐辐射等特殊性能的润滑剂，维系着一切机器的运转。

石油还是化学工业的重要原料，主要有“三苯”（苯、甲苯、三甲苯），“三烯”（乙烯、聚乙烯、丙烯）和乙炔。用它们可以合成橡胶、塑料、纤维、医药、农药、合成染料、炸药等产品。我们日常的衣服、用具甚至购物的塑料袋，哪一样能离开石油？因此，人们把石油喻为“工业的血液”一点也不过分。

发展石油产业是很多国家一项非常重要的任务。但是，石油埋藏在地下，不容易被人发现，也就不为人们所知晓。进入 21 世纪，人类对石油的依赖变得有增无减，勘探、开采石油的活动更是如火如荼。人们到处寻找，希望能找到更大、储量更丰富的油气田；人们制造出越来越先进的设备，要把埋藏在海底、沉睡了千百万年的石油开采出来。于是本来荒凉寂寞的深水海域，现在变得热闹非常。

19世纪中叶，人们开始大规模地开采石油，经过一百多年的实践，已经形成了一整套石油开发的程序，这就是勘探、开采、提炼。勘探是指探明地下油气的位置，确定矿藏的储量、范围、类型；开采是把已探明的油气资源从地底开采出来，并运输出去；提炼就是把油气炼制成各种成品油和化工产品。

石油和天然气资源本来是很难探知的，所以长期以来，深埋在地底下的石油从来不为人所知。后来在高科技的支撑下，人们探测到地底深处的石油有一个安稳的场所，这个场所我们称之为储油构造。石油的物质基础是有机淤泥，这是一种泥沙和生物尸体混在一起沉入海底的淤泥。大陆架有大陆上江河所携带的丰富的泥沙和其他营养物质，浮游生物特别活跃，它们死后的尸体随同泥沙一起沉入海底，就变成了有机淤泥。

地壳运动通常会使某些海区的地壳抬升，也会使某些海区的地壳缓慢下降，许多浅海海域就有过缓慢沉降的历史。当海底持续缓慢沉降时，有机淤泥就会堆积得越来越厚，深埋于地层中，并与空气隔绝。时间长了，地层深处的有机淤泥在高温、高压和缺氧的环境下，受厌氧细菌的作用，经过千万年的化学反应，转变成石油和天然气。不过，这时还只是一些分散的油滴。当这些分散的油滴受到上覆底层的压力，会被挤到四周多空隙的岩层中，然后，地下水浮托着油滴向着上拱岩层的顶部汇集。这样一个特殊的构造就把汇集的油气保存起来，水沉在最下面，油在中间，气浮在最上面。于是就形成了储油构造——石油的大仓库。所以，勘探石油，就是寻找这些储油构造。

储油构造仅仅凭借肉眼是难以发现的，只有用地球物理勘探的方法，才能寻觅到它的踪迹。地球物理勘探的工作原理是利用岩石的各种物理特性的差异来进行的，采用这种方法能够了解地下岩层的地质构造情况。

地球物理勘探有以下几种方式：重力勘探是根据岩层密度差别的勘探方法，磁法勘探是根据岩石磁性差别的勘探方法，地震勘探是根据岩石弹性差异的勘探方法，电法勘探是根据岩石电性差异的勘探方法。用其中一种方法，或是同时用几种方法，就可以了解地底下储油构造的情况，经过分析、判断，就能大致找到储油构造的位置。

用这些方法找到储油构造，接下来就要进行初探，目的是对储油层的底层性质、构造类型、油气田的边界及钻井的条件进行初步评价。如果初探中钻出了油气，则立即进行试采，以对储油气层的层数、生产能力作进一步评价。如果证实产量较高，有开采价值，就正式投产。

上述的情况是针对浅海地区而言的。在地球的沧桑变迁中，海洋会变成陆地，陆地也会变成海洋。一旦浅海变成陆地，石油也就随之来到陆上，因而人们首先在陆地上找到了石油。

20世纪60年代以来，最初只有二十几个国家从事海底石油和天然气勘探，到90年代初，已增加到一百多个国家。勘探的范围除南极洲外，几乎遍及所有大陆架，有的甚至已深入到大陆坡和深海区。

其实海底采油早在1890年就开始了，当时人们根据陆地油气向海延伸的规律，在美国加利福尼亚岸边建造了海岸栈桥，进行海边浅水区域的石油钻井。三十年后，美国在委内瑞拉开波湖开展石油普查钻井。随后，苏联根据死火山的理论，在里海开始了从巴库到阿普塞隆的海底油气田的勘探开发，当时是以木制的固定栈桥与陆地相连接。

到20世纪60年代末期，人们发现欧洲北海地区是海底石油储量最为丰富的地区。人们在广泛的地球物理勘探的基础上，首先发现面积达55万平方千米的海底沉积盆地。随后，在深达900米的中古生代和新生代地层中，发现了底层在晚白垩纪灰岩中的多个油气田。海底油气田的发现使北海周围国家兴奋异常，一时间掀起了海底石油勘探的热潮。

随着采油技术的提高，固定式钻井平台已达到200米的水深，自升式平台的腿长达到100多米，新兴起的半潜式钻探船可在3000米以上的水深中钻探。建在钢筋混凝土柱子上的钻井平台，可以傲然挺立在咆哮的海面上。这个方面的科学技术所能达到的水平，是人类征服海洋、利用海洋的最好例证。勘探发现的近六百多个油田中，现在已有三百多个进入生产阶段。

海上石油和天然气的输送技术也有个发展过程。一般石油和天然气有两种输送方法，一种是采用驳船，包括运输天然气船，另一种是采用管道，将油管和天然气管铺设到海岸上。装油船和输油管道是随着海上油气开发的发展而发展起来的。

开发海底油气的技术还在不断地发展，总的趋势是要向深海发展。海上钻井条件恶劣，事故频繁，这致使海底石油勘探困难，技术要求高，开发成本昂贵。据国外的一些调查数据表明，海底油井的开发费用为陆地的 3 倍，而且随水深的增加，平台费用和钻井费用还要急剧增加。例如，美国壳牌石油公司所统计的北海固定式钻井平台费用是：水深 34 米为 35 万美元，水深 68 米为 475 万美元，水深 102 米为 700 多万美元。据联合国一份报告说，一台典型的自升式平台费用为 700 万 ~ 1000 万美元，一台半潜式钻井装置费用为 700 万 ~ 1000 万美元，一般钻井船建造费为 500 万 ~ 1500 万美元。钻井进尺费用同样是海上高于陆地。每米钻井费用约为陆地的 1.5 倍。每日纯钻井费用，自升式为 6500 ~ 9000 美元；半潜式为 8000 ~ 11 500 美元；钻井船为 9000 ~ 13 000 美元。可见，海上作业费用远远高于陆地。

但是，海底油气田的地球物理勘探费用平均还不到陆地勘探费用的一半，而且效率高。这是因为海上的地球物理勘探不需像陆地上那样靠钻孔来进行，而且随着地球物理勘探技术的提高和应用计算机处理地震记录资料的逐步完善，海上钻井的见油层准确率大为提高，加之多井底定向井技术的不断发展，海底石油的勘探开发费用大幅度降低。

20 世纪 90 年代后，英国石油公司发明了一种近海勘探石油的新技术：当外面包着很薄很薄的油膜的天然气从海底油口冒上来后，天然气消散在空气中，而油膜则会留在水面上。油膜遇到紫外线照射时，会发出荧光式的可见火，这种荧光式可见火就成为告诉人们新油田可能位置的指示器。英国石油公司的这项发明叫“空中激光传感法”，具体做法是用飞机从空中向海面发射激光，使海面油膜发出荧光，之后，再用荧光传感器搜索海水荧光。还有一种方法是利用太阳发出的紫外光进行探测，这项技术也是英国人发明的，在飞机上安装极其敏感的荧光传感器也能感知非常微弱的荧光。使用这种非常灵敏的荧光，能够使飞机在几百米的海面高空中看清极薄的油膜。

在开采海底石油和天然气的方法方面也有创新。进入 20 世纪 90 年代后，法国和挪威正在实施一项“波塞顿系统”计划，该计划是以海底中央站为中心，用泵来连接海底油井与沿岸处理设施，以减少海底石油、天然气的采掘成本。这套系统的中央站完全用机器人操作，不需要潜水员和其他工作人员，连接油井与海岸的导管采用遥控和遥测系统，操作和维修比以往的办法简化、先进很多。

海洋油田带来的奇迹

英国本来是个贫油的国家，石油几乎全靠进口。然而自从 20 世纪 70 年代在北海发现了一批大油气田后，只经过短短十几年的勘探开发，到 1982 年，英国每年生产的海洋石油就超过 1 亿吨，一下成了当时世界五个大产油国之一。仅 1984 ~ 1985 年度，英国政府就从北海石油开采中获得了 100 亿英镑的收益，不仅偿还了大量外债，还使英镑增值，挺过了 20 世纪 80 年代以来最严重的经济衰退，使原来不景气的造船、机械、电子等行业得以蓬勃发展。

这的确是一个奇迹。这个变化使人们亲眼看到了开发海洋石油的光辉前景，于是，海上采油一时成为热潮。

那么近海石油开发工程中，有哪些“世界之最”的油气田呢？这里我们举一些事例供读者参考：

◇ 最深海域钻探平台：墨西哥湾壳牌石油公司的科涅克平台入海深达312.6 米。

◇ 最大的钻探平台：英国北海的切维朗斯尼念平台，重达 60 万吨。

◇ 近海最深油井：美国路易斯安那州的港湾石油公司，在三角洲区的西部近海约 44 千米处，钻井深达 6966.2 米。

◇ 近海最大的采油田：1951 年发现的沙特阿拉伯近海的萨法尼亚油田，至今石油日产量仍可达 150 万桶。

◇ 最长的石油管道：从北海弗里格油田至苏格兰胜弗拉斯的谢尔—埃索石油管道，管道直径 914.4 毫米，长达 451 千米。

◇ 最深水下钻孔：1979 年，加拿大人在纽芬兰外海的水下钻孔深达1487.2 米；英国人在西班牙外海的水下钻孔深达 1394 米；1980 年，北海最深处罗卡尔海沟的水下钻孔深达 1374 米。

◇ 最深石油管道：在意大利西西里海峡 603 米深处，从阿尔及利亚横越地中海到意大利西西里岛，安装了三条管径为 508 毫米的石油管道。

◇ 最深的开采油井：在美国路易斯安那州近海 40 千米处的伊斯莱区，有一口采油井深达 6253 米。

◇ 近海最深的石油开拓工程：在西班牙外海的曼塔那索油田，开拓工程达 762.5 米。

◇ 打井口最多的平台：美国加利福尼亚州圣巴巴拉海峡的吉尔达平台，共打了 96 个井口。

◇ 最深水下钻探井：突尼斯近海塔兹尔卡油田的水下钻探井深达 2501 米。

到目前为止，已有一百多个国家在海上进行石油勘探，而且数量还在不断增加。而许多国家愿意到海上去，还有一个很现实的理由，那就是海上油气的基本设施不易遭到恐怖袭击的破坏。

现在，人们主要在波斯湾、马拉开波湖、帕利亚湾、北海、墨西哥湾、西非近海、加利福尼亚湾、澳大利亚近海、东南亚近海、中国海、里海、地中海等海域开采石油。

世界海洋石油资源量约1350亿吨，占全球石油蕴藏量的45%，其中已探明的约380亿吨；海洋天然气资源量约140万亿立方米，探明的储量约40万亿立方米。

由于越来越多的国家到海上去采石油，海洋原油产量逐年递增。1992年世界海洋原油产量为9.3亿吨，占世界原油总产量的26.5%；海洋天然气产量为3477亿立方米，占世界天然气总产量的18.9%。到2003年，世界海洋原油产量增加到12.57亿吨，占世界原油产量的34.1%；天然气产量增加到6856亿立方米，占世界天然气总产量的25.8%。1992~2002年，世界原油生产量年均增长率为1.1%，而2003年世界海洋原油总产量比上年增长3.7%，是世界原油生产总量增长速度的三倍多。到2004年，比例又有所提高，海洋油气产量分别占全球总产量的34%和28%。预计到2015年，将分别达到39%和34%。海洋石油生产正显露出它的锋芒。

未来前景不容乐观

海洋油气产量虽然增长势头强劲，但经过近半世纪的开采，浅海区的油气储量越来越少，其增长的势头不会维持多久，2010 年达到高峰，并在稳定一段时间后开始下降。正因为如此，人们又将眼光转移到深水区，期盼迎来海洋油气勘探开发的新时期。

根据前面所述，大陆架浅海有丰富的有机淤泥，这才成为油气的富聚区，而大陆架以外的深水海域是否也有油气富聚区呢？大陆架以外，是地势陡峻的大陆坡，大陆坡以外，是水深几千米的大陆基。大陆江河带入海中的泥沙，除了在大陆架堆积外，相当一部分会继续转移。强大的海底浊流携带着大陆架上的大陆泥沙，沿陡峻的大陆坡向下奔流，在完成刻蚀海底峡谷的任务后，势头大减，最终不得不在坡麓停息下来，并将其所携带的泥沙堆积在那里。千万年过去了，在大路坡的坡麓，便形成了一片片宽广且沉积物巨厚的平坦地区——大陆基。由于向下倾泻的泥沙流在坡麓堆积的时候，其中心部位伸展得最远，于是便出现了扇面的形状，我们称其为“深海扇”。

深海扇的存在，使大陆基的沉积厚度变得十分可观，可达 10 千米，平均也有 2 千米，是海洋的主要沉积带。这些巨厚的沉积物，在海底贫氧环境中堆积而成的，富含有机质，具有生成油气的良好条件，是潜在的油气富集区。

这时人们的眼光瞄准了大陆基，准备在这里大干一番，以获得更多的油气资源，因此一下子把这里与人类的距离拉近了，荒凉的大陆基海域顿时变得热闹起来。

已经证实了许多水深达四五千米，离岸1500千米以上的小洋盆或边缘海，如墨西哥湾、地中海、南中国海、日本海、鄂霍次克海和印度尼西亚海域的深海都可能有石油。

在高新科技的进步一日千里的21世纪，人类是有能力超越现有条件和技术的。这次向深海进军，冲在前面的不再是美国、英国等技术先进的国家，而是发展中国家巴西。巴西在深海油气勘探、开发方面一直处于领先地位。

1997年，巴西创造了在1709米的深水区作业的世界纪录。2003年，巴西的探井和开发井都达到了3000米水深以上。巴西的深水和超深水油田都位于一个叫坎波斯的盆地，其中三个超深水巨型油田可采储量超过1亿吨。可见，深海的油气资源是很丰富的，而且开采技术也不是太大的障碍。

进入21世纪，深水海区石油作业已成为石油工业的一个前沿阵地。在墨西哥、巴西以及西非等地，深水区石油开发已经有了极大的发展。

什么是浅水海区？什么是深水海区？什么又是超深水海区？2002年世界石油大会对海洋勘探、开发水深进行了如下的划分：400米以内的水深成为常规水深，400～1500米的水深称为深水，大于1500米的水深则是超深水。

自20世纪90年代以来，超过1000米水深的勘探、钻井活动迅速增长，到2011年为止，1000米以上水深海域钻井数就有二百多口。美国休斯敦大学教授伊科诺米季斯撰文指出，未来的石油主要来自深水和超深水区。可以预见，深水海区油气开发前景广阔。目前，在进行海上油气勘探的一百多个国家中，有五十多个在开展深水区的油气勘探。

中国将成为海油强国

20世纪80年代，我国和一些外国公司合作，在中国近海打了不少高产石油井，吹响了中国石油产业向海洋进军的号角。

根据几十年的勘探结果，已查明中国近海四大海区的油气资源相当丰富。按照国家公布的全国石油资源评价结果，中国海洋石油资源量为246亿吨，占全国石油资源总量的23%；海洋天然气资源量为16万亿立方米，占总量的30%。其中，70%蕴藏于深海海域。不过，当时中国海洋石油探明程度仅为12%，海洋天然气探明程度为11%，远低于世界平均水平。可见，中国海洋石油资源量还远远不止这些。

现在，我国海洋原油产量占全国原油产量的比重正逐年增加。1990年仅占1.05%，2003年增加到14.4%；天然气则从1995年的2.1%提高到2003年的12.8%。可见，海洋油气产业所占的比例是逐年提高的，海洋油气产业的重要性日益显现。

2010年前后，我国海洋原油年产量在5000万吨左右，到2015年，预计将稳定在这一数量，占全国总产量的26%；海洋天然气也将达到250亿立方米，占全国总产量的25%。在2010 ~ 2015年期间，我国所掌握的技术能对大部分海洋油气资源进行开发。2015 ~ 2020年，我国海洋油气开发将趋于成熟。到2020年，我国将成为海洋油气开发的强国。

近些年，我国也开始迈出了向深海进军的步伐。2007年年初，中国海洋石油总公司宣布，进军深海勘探的梦想正在变成现实，中美合作的第一座深水特大型设备——中国海油深水半潜式钻井平台设计目前已经启动，这是双方共同拥有产权的深水钻井平台。中国政府已将其列入中长期科技发展规划以及国家“八六三”高科技发展计划。

在油气开发逐渐向深海转移的情况下，钻井装备必然要有一个向着超深井、大功率、高压力、自动化、电脑化方向的发展。目前，适用于深海钻井的主要是半潜式钻井平台和钻井船两种浮式装置。不过，现在的半潜式钻井平台和钻井船与过去相比有了很大的改进，现在已经发展到了第五代。这种钻井设备适用于超深水，并且以动力定位为主。

2010 年以来，钻井装备又有了发展，在建的已进入第六代，适用于水深 2550 ~ 3600 米，除了动力定位外，对于恶劣海况有更强的抗御能力。海上船只或平台由于风、浪、流、潮等外力的作用，进行作业时常常会偏离原来的位置，针对这一情况，过去主要是通过手工操作对锚链的长度进行调整，以使船只或平台恢复到原来的位置，这不仅耗时费力，而且很难及时、准确地复位。而先进的动力定位则是在艏尾和两侧安装微型动力装置，由电脑根据风向、风速、流向、流速，以及船或平台的运动姿态等外部信号，自动控制主机、艏尾侧推和舵机等动力装置，使船或平台保持既定的位置。

2010 年 2 月，上海外高桥造船有限公司为中国海洋石油总公司建造了“海洋石油 981”号。这台特大型装备是世界第六代 3000 米深水半潜式钻井平台，“体重”超过 3.1 万吨，甲板面积相当于一个标准足球场大小，从船底到钻井架顶高 137.8 米，相当于 43 层高楼，电缆总长超过 900 千米，最大作业水深 3050 米，最大钻井深度 12 000 米。平台上配置了目前世界上最先进的 DPS3 全动力定位设备，还有一个半钻井系统和先进的卫星导航及定位系统，确保平台能全天候作业。这是我国自主设计和建造的第一座先进的海上钻井平台，将用于南海油田的勘探开发。内设八台 5530 千瓦发电机和一台 1800 千瓦应急发电机，发电总量足可让 20 万人用一年。其巨大的甲板室顶部还能起降直升机。

2012年5月9日，“海洋石油981”号在南海首次开钻，这是我国石油公司首次独立进行深水油气勘探开发，标志着我国海洋石油工业的深水战略迈出了实质性的步伐。开钻水域在香港东南320千米处，开钻井深1500米。

仅仅过了一周，2012年5月15日，我国首艘深海铺管起重船“海洋石油201”号也竣工起航了。它能从事固定式、浮式和水下油气生产设施安装及海底管道铺设等全方位海上施工作业，是具有世界水平的深海开发的重大装备，是继“海洋石油981”号成功开钻后我国海洋石油工业的深水战略取得的又一实质性成果。

海洋能发电

在陆地上矿物燃料逐渐枯竭和环境污染日趋加剧的情况下，一些海洋国家纷纷把目光投向海洋，加大资金投入，促进了人类开发利用海洋的步伐。浩瀚无边的海洋，蕴藏着丰富的能源。人类赖以生存与发展的能源将越来越依赖于海洋。中国大陆的海岸线长达 1.8 万千米，海域面积 470 多万平方千米，海洋能资源非常丰富。

海洋潮汐也能发电

由于常规电站廉价电费带来的市场竞争，建成投产的商用潮汐电站由于成本较高，只有很少的一部分能够在市场中生存下来。然而，由于海洋中潮汐能蕴藏量巨大以及潮汐发电的种种优点，人们对潮汐发电的研究和试验还是非常重视的。

什么是潮汐能呢？简单来说，在涨潮的过程中，汹涌而来的海水具有很大的动能，随着海水水位的升高，就能把海水的动能转化为势能，而在落潮的过程中，海水奔腾而去，水位逐渐降低，势能又转化为动能。世界上的潮差一般为 13 ~ 15 米，但一般说来，平均潮差在 3 米以上就有实际的应用价值。

由于潮汐能是因地而异的，不同的地区常常有不同的潮汐系统，所以它具有各自独有的特征。尽管潮汐系统非常复杂，但对于世界上任何一个地方的潮汐，根据现在的科技条件都可进行准确预报。

潮汐能的主要利用方式是发电。潮汐发电是利用河口、海湾等有利地形，建造水堤或建成水库，来蓄积大量海水，并在坝中或坝旁建造水力发电的厂房，通过水轮发电机组进行发电。只有出现大潮、能量集中的时候，在地理条件适于建造潮汐电站的地方，才有可能提取潮汐中的能量。

潮汐能是一种清洁能源，它可以降低大气中二氧化碳含量的增长速度。据海洋学家计算，世界上潮汐能发电的资源量在 10 亿千瓦以上，这是一个天文数字。潮汐能普查计算的方法是，首先选定适于建潮汐电站的站址，再计算这些地点可开发的发电装机容量，叠加起来即为估算的资源量。

20世纪初的时候，欧美一些国家就开始研究潮汐发电。1966年，法国建成了世界上第一座具有商业实用价值的潮汐电站郎斯电站。该电站位于法国圣马洛湾郎斯河口。郎斯河口平均潮差8米，最大潮差为13.4米。一道750米长的大坝横跨郎斯河。坝的顶部是通行车辆的公路桥，坝下设置泄水闸、发电机房和船闸。郎斯潮汐电站机房中安装有24台双向涡轮发电机，涨潮、落潮都能发电。总装机容量24万千瓦，年发电量5亿多度。

1968年，苏联在基斯拉雅湾建成了一座800千瓦的试验潮汐电站。1980年，加拿大在芬迪湾地区兴建了一座2万千瓦的中间试验潮汐电站。世界上适于建设潮汐电站的二十几处地方，都在研究、设计建设潮汐电站。其中包括加拿大芬迪湾、澳大利亚达尔文范迪门湾、印度坎贝河口、美国阿拉斯加州的库克湾、俄罗斯远东鄂霍茨克海品仁湾、英国塞文河口、阿根廷圣约瑟湾、韩国仁川湾等。

随着技术进步，潮汐发电的成本不断降低，进入21世纪，将不断有大型现代潮汐电站建成使用。美国的第一个并网潮汐能项目位于缅因州和加拿大之间的芬迪湾，它最早投入运营。这个地方每天都有上亿吨的水湍急流过，形成15米左右高的海浪，并能带来5884千瓦的电能。该项目将分几期完成，最终将达到4兆瓦的发电量，能够供应1000户家庭和商业机构使用。

该项目的第一期工程已正式并网，每日发电量180千瓦，足以满足25到30户家庭的用电需求。但到目前为止，它还没有真正为电网贡献过1度电，原因是政府扶持力度不够。而欧洲政府稳定的政策优惠和补助已经使欧洲海洋能产业站稳了脚跟。

缅因州的这个潮汐能项目虽然不是北美洲第一个潮汐能项目，但它是第一个不设置坝体的潮汐能发电机组，这样基本不会影响海洋生物的正常生活。

中国沿海，特别是东南沿海，平均潮差4～5米，最大潮差7～8米。中国潮汐能的理论蕴藏量达到1.1亿千瓦，其中浙江、福建两省蕴藏量最大，约占全国的80.9%。我国的江厦潮汐实验电站建于浙江省乐清湾北侧的江厦港，装机容量3200千瓦，于1980年正式投入运行。

中国沿海主要为平原型和港湾型两类，以杭州湾为界，杭州湾以南，港湾海岸较多，地势险峻，岸线岬湾曲折，坡陡水深，海湾、海岸潮差较大，且有较优越的发电坝址；杭州湾以北，大部分海岸线平直，地形平坦，并由沙或淤泥组成，潮差较小，且缺乏较优越的港湾坝址。但浙、闽两省沿岸为淤泥质港湾，虽有丰富的潮汐能资源，但开发存在较大的困难，需着重研究解决水库的泥沙淤积问题。

中国潮汐能蕴藏量丰富，但是潮汐能的地理分布非常不均匀。沿海潮差以东海为最大，其次为黄海，渤海南部和南海最小。河口潮汐能资源以钱塘江口最为丰富，其次为长江口，以下依次为珠江、晋江、闽江和瓯江等河口。以地区而言，主要集中在华东沿海，其中以福建、浙江、上海长江北支为最多，占中国可开发潮汐能的88%。

海浪有着惊人的力量

波涛起伏的大海，每时每刻都在运动。在每平方千米的海面上，波浪运动每秒钟就会产生20万千瓦的能量。因此，波浪能也是一种可以开发的海洋能源。有人对海洋的波浪能进行推算：如果世界各大洋是平均波高1米、周期1秒的海浪，全球的波浪能功率约为700亿千瓦，其中可开发利用的约为25亿千瓦，与潮汐能相近。

波浪中蕴藏着丰富的能量，人们梦想着将波浪的动能转化为电能，使制造灾难的惊涛骇浪为人类服务。

利用波浪能发电的形式有多种，比如利用波的上下波动，或者利用波的横向运动，还有的利用由波产生的水中压力变化等。

20 世纪 60 年代，日本最早制造出利用波浪发电的航标灯。十年后，日本的海洋科学技术中心又研制出每小时能发电 1250 千瓦的"海明"号波力发电船。该波力发电船有二十二个空气室和四个浮力室，每个空气室从底部进入的波可以上下运动，而这种上下往复运动使四个阀开始工作。由于流入的空气方向是单向，这种设备可以得到连续的输出功率。

除日本外，欧洲的挪威和英国也在发展波浪电站。例如，1985 年，挪威在卑尔根附近的海岛建立起了一座装机容量为 500 千瓦的振荡水柱波力电站。1991 年，英国在苏格兰的艾莱岛使用一台韦尔斯气动涡轮机把一个狭窄岩谷的波浪能变成电能，这也是一座波浪能发电站。

波浪能发电的技术复杂，人们在该领域进展极为缓慢，一个最重要的原因就是测试波浪发电的成本很高，而且极其危险。变幻莫测、反复无常的海洋既可以产生巨大的能量，也能对机械装置造成毁灭性的破坏。

英国威武根公司 1995 年在苏格兰附近海域建造了一座 2 兆瓦容量的"鱼鹰"号波浪发电装置，而该装置尚未正式发电，就被海上的强风暴摧毁殆尽。恶劣的气候和气象条件还使欧盟的波浪发电站建造计划不得不推迟。在苏格兰西海岸的艾斯雷岛上，威武根公司建造的一座 500 千瓦的"帽贝"波浪发电机已经向电网供电，这是目前世界上最成功的波浪发电装置之一，然而它是安装在海岸上的。根据波浪发电专家的意见，如果波浪发电机装在漂浮的海面上，效率更高，能产生更多电能。

为解决设计和建造波浪发电机过程中困扰着人们的各种问题，欧洲海洋能源中心在英国政府的资助下计划制造更先进的波浪发电机，它们建立了奥克尼波浪发电试验场。这个试验场中安装有抗强力风暴的电缆等防护设备，使得波浪发电机的安全性得到提高。现在，欧洲海洋能源中心在奥克尼波浪发电试验场安装了四台波浪发电机，以便能够同时对不同的波浪发电机进行直接比较，这样就可以选出最有效率的波浪发电机，从而降低波浪能的生产成本。另外，在奥克尼波浪发电试验场里还有与电网相连的接入口，这样一来，实验测试用的波浪发电机在开始试验时就可以为研制者带来收益，从而降低了研发的成本。

在奥克尼波浪发电试验场中，所有进行测试的波浪发电机都配有固定的平台。这些平台被科学家固定在海底的混凝土墩子上，并通过多用途的电缆与岸上设备连接。这种多用途电缆包括两条光缆和一条电缆，这种电缆能传送 23 兆瓦电能，一条光缆用来将波浪发电设备的数据传输到海岸上的控制室，另一条光缆则负责将岸上的控制指令传送给海底的波浪发电设备。由于海底的水流冲击力很强，如果电缆得不到特殊的保护，那么它在与岩石的不断摩擦中就会遭到毁坏。研究人员为了保护好电缆，采用了一种铠装电缆，同时用沉重的混凝土护垫将其保护和固定起来。

波浪发电机所发出的电能首先被输送到岸边的变电站，然后再被送入国家电网。其中数据收集中心则设立在距海岸 35 千米远的地方。每个波浪发电机的泊位都由各自独立的控制中心进行控制。为了解决研发的资金问题，该研发中心还进行了招标，如每个公司可以在试验场租用一个波浪发电机的泊位，然后通过自己公司的互联网在办公室内进行遥控操作。公司每年要付一笔试验费用租用一个泊位，但如果试验中的发电设备运行良好的话，公司出售电能的收入将可以抵消租金。

欧洲海洋能源中心通过减少波浪发电机的试验费用，努力帮助科学家将他们美好的设想、精妙的构思转变成现实。目前，威武根公司既受到欧洲海洋能源中心试验场设施的诱惑，又得到英国政府的资助，开始了新的试验。他们准备开发一种能够漂浮在海面上的波浪发电机，并已在 2004 年进行了测试，其基本原理与“帽贝”波浪发电机相同，依靠波浪驱动涡轮机发电。

“海蛇”是奥克尼波浪发电试验场的第一个用户。这种发电机是由英国海洋电力设备公司研制的。据估计，这种发电机的设计寿命为 15 ~ 20 年，能禁受住百年一遇的巨浪的冲击。

美国从 2007 年开始就在俄勒冈海边建造了大面积的浮标，这种浮标能将波浪的上下运动转化为电能，该设备已经利用有规律的波浪为西海岸的家庭和企业供电。这还多亏了一个名叫乔治·泰勒的企业家，他在澳大利亚长大，学过电气工程，过去四十年里是美国一家小公司的业主。上述的浮标就是他最近的一项发明。

这种浮标是环保主义者的理想设备，这种设备引入了一种丰富的可再生的能源，对海洋生物没有影响，也不会释放出导致全球变暖的气体。

2010 年，泰勒还做出一个 100 吨重，约 11 米宽的浮标，能发电 500 千瓦。四十个那样的浮标连在一起发电的成本比起煤电厂要低很多，更不用说燃烧天然气等珍贵燃料发电的电厂的成本。这样清洁的电能可以用来淡化海水、电解水，为其他宏伟的、急需能源的项目提供廉价电能。

英国切克梅特海洋能源公司同样设计了一种波浪发电机，这种类似蟒蛇的大型发电设备由橡胶制成，长 200 米，宽 7 米，1/25 大小的原型机已于最近完成测试。投入使用后，可满足一千多个普通家庭的用电需求。

中国的波浪发电技术也有了一定的发展。2012 年，由辽宁海事局和大连海事大学共同研发的多节漂浮式波浪能发电装置在海上进行了首次试验，并取得了成功。这种装置能有效收集波浪能并转化为电能输出，而且成本低，没有污染，可缓解全球范围内的能源短缺和环境污染问题。

据了解，这种多节漂浮式波浪能发电装置目前主要针对海事领域，如海事系统的无人雷达、船舶、海上通讯基站等设施供电。不过，随着该项目的优化研究，这种波浪能发电设备可投入更广泛的领域。

海洋温差能

在世界能源日趋紧张的情况下，人们在探索可开发能源的过程中，发现海洋是个巨大的能源宝库。早在数百年前，人们就开始利用潮汐发电。近年来，利用海浪、潮汐发电的技术也开始被采用，并取得了一些应用成果。但是，人们对新能源的探索并不满足于此。一些科学家提出利用海水的温差来发电的想法，并预言说这项技术一旦成功，甚至可以满足全世界对能源需求的 20% 左右。

浩瀚的海洋是一个巨大的储热库，它可以吸收大量太阳能，大约为 60 万亿千瓦。海水的温度随着海洋深度的变化而变化。这是因为太阳辐射无法透射到 400 米以下的海水，海洋表层的海水与 500 米深处的海水温度差可达 20℃以上。海洋上中下层水温的差异所蕴藏着的能量就被称为海水温差能。利用海水温差能可以发电，这种发电方式叫海水温差发电。

早在 1881 年 9 月，巴黎生物物理学家德·阿松瓦尔就提出利用海洋温差发电的设想。1926 年，法国科学院建立了一个实验温差发电站，证实了阿松瓦尔的设想。1930 年，阿松瓦尔的学生克洛德在古巴附近的海中建造了一座海水温差发电站。

1961 年，法国在西非海岸建成了两座 3500 千瓦的海水温差发电站。1979 年，美国和瑞典在夏威夷群岛上共同建成了装机容量为 1000 千瓦的海水温差发电站，美国还计划在 21 世纪初建成一处 100 万千瓦的海水温差发电装置，以及利用墨西哥湾暖流的热能在东部沿海建立五百座海洋热能发电站，发电能力达2亿千瓦。

我国南海海域也是温差发电的天然场所，拥有岛屿、浅滩，从岛屿向外很快就是深海。但我国温差发电起步晚，目前仅仅处在小型研究阶段，要大规模的开发，在技术上还有许多难题有待解决。

科学家发明的新型海水温差发电装置可以把海水引入太阳能加温池，然后把海水加热到45℃～60℃，有时甚至可高达90℃，然后再把温水引进保持真空的蒸汽锅蒸发进行发电。用海水温差发电还可得到一种副产品，这就是淡水，所以说它还具有海水淡化功能。据估算，一座10万千瓦的海水温差发电站每天可产生378立方米的淡水，可以用来满足饮用水或工业用水的需要。除此之外，由于海水温差发电站抽取的深层冷海水中含有丰富的营养盐类，因此发电站周围就会成为浮游生物和鱼类群集的场所，可以增加附近海域的捕鱼量。

据专家估算，从南纬20°到北纬20°的区间的海域，只要把其中一半用来发电，海水温度每下降1℃，就能获得近600亿千瓦的电能，相当于全世界所需要的全部电能。他们还估计，仅仅从美国东部海岸的墨西哥湾暖流中就可获得美国在1980年需用电量的七十五倍电能。

海水温差发电同样是一种再生能源，目前主要有三种技术，分别是封闭式循环系统、开放式循环系统、混合式循环系统，其中以封闭式循环系统技术最为成熟。

随着海水深度的加大，海水温度也就越低。海水温差发电时，需抽取表层温度较高的海水，使热交换机内的低沸点液体沸腾为蒸汽，推动发电机发电，再将其导入另一热交换机，利用深层海水将其冷却，如此完成一个循环，这就是封闭式循环系统。

开放式循环系统把表层海水引入真空状态的蒸发槽中，因低压下水的沸点极低而沸腾为水蒸气，再引至凝结槽，以深层海水让它凝结为水。在这个过程中会在蒸发槽与凝结槽之间因压力差形成蒸汽流，在其间加上涡轮机即可发电。另外，使用开放式循环系统发电会在凝结槽中形成淡水，这是它的有利之处。

综合封闭式循环系统是第一阶段使用封闭式循环系统，第二阶段使用开放式循环系统。

利用海水温差发电，对于开发海洋能源具有重大意义，例如海水温差发电可以为开采海底石油和多金属结核等设备提供电力，也可以将从海底开采上来的矿物就地冶炼，省去运输上的成本。可见，利用海水温差发电的科学探索为人类向海洋索取能源提供了美好的前景。

“水下风车”——洋流能

洋流能也就是海流能，是取之不尽、用之不竭的海洋发电能源。据联合国教科文组织的估计，蕴藏在海洋中的潮汐能、波浪能、海洋温差能、海水浓度差能和海流能的可再生总量为766亿千瓦。其中洋流是一种比较稳定的、可持续的海水流动现象。洋流蕴藏着巨大能量，可以利用它发电。

洋流形成的原因有二：一是风常年吹动海水，造成海水的流动；二是由于两个相邻海域的海水密度不同而造成海水流动，这种洋流能也被称为“密度能”。位于大西洋和地中海之间的直布罗陀海峡就潜藏着巨大的“密度能”。“二战”期间，德国潜艇就借此关闭了发动机，偷偷进入了大西洋，越过海峡进入地中海进行秘密军事活动。

洋流能的发电装置与风力发电装置类似，故又被人称为“水下风车”。

1973年，美国斯特瓦尔博士的办公室来了三位海洋科学家。这三位科学家是老朋友了，他们一边喝着咖啡，一边讨论如何把洋流转换成电能。他们研究出一个新方案：建造一个巨大的螺旋桨驱动式的水下能量转换器。

这次聚会被一个报社记者知道了，他立即以《水下风车》为题目发文刊在报纸头条，一时引起人们的注意和好奇。芝加哥的约翰·麦克阿瑟看到这则报道后非常感兴趣，他马上联系了这三位科学家，表示愿意出资成立一个洋流发电的研究所，取名为麦克阿瑟研究室。三位科学家经过进一步研究，提出洋流发电的三种利用方式：第一种是直接以电能的方式用水下电缆输送到岸上；第二种是用洋流电能从海水中提取氢气，用管道输送到大陆，或将氢气运输到岸上；第三种是用洋流电能制取压缩空气。

除了这三位科学家的洋流电能研究外，美国还有其他科学家设计出更加具体的方案。其中以斯特尔曼发明的“水下降落伞”系统的方案为最佳。这个装置可把低速流的能量转换成可利用的能源。这种装置包括两部分：一部分是安装在平台上的带轴的轮子；另一部分是一根绕着轮子旋转的像传送带似的环形缆，在这个缆上装着一片片形状似降落伞的帆，它们都向一个方向排列，当它们顺流转动时，这些“降落伞”全部在海流冲击下张开，当它们绕着环形缆逆流而动时，它们便收拢起来，这样，“降落伞”就能不停地运动，并通过环形缆带动轮子转动，轮子又带动发电机发电。

在20世纪八九十年代，日本利用洋流发电的试验进入少量实际应用阶段。我国近岸潮流蕴藏着丰富洋流能，估计可开发利用的约2000万千瓦。我国于1979年在舟山西堠门水道曾进行过螺旋桨式海流发电现场试验，能发电8千瓦。1983年为航标供电的120瓦洋流发电试验获得成功。总之我国洋流发电开发工程已有进展，其中以1981年哈尔滨研究的直叶片水轮机效果最佳。

纵观全球，利用洋流发电还停留在试验阶段，离大规模开发利用还有一段路要走。因为洋流变化大，不够稳定，尚有很多难题待攻克。

其他值得一提的清洁能源是海上风力发电，它潜力很大，技术也相对容易一些，目前世界各国都在开发，美国和欧洲走在前面。我国近十年利用风力发电的发展很快，已从研制走向实际开发应用阶段。上海东海大桥在建成通车的同时，也建起了风力发电场。我国第一座较大的海上风力发电站是在辽东湾油田，其最大电力输出功率1500千瓦。从2008年开始，我国已在许多海域开发风力发电，如山东长岛、江苏如东，规模都不小。

这些清洁能源的开发利用大大减少了二氧化碳的排放，对我国改善环境也有很大的好处。

海底聚宝盆

海洋这个蓝色宝库，无论深海还是浅海，蕴藏的矿源都极为丰富：浅海的海滨矿砂，深海中的锰结核、可燃冰、热液矿等，可以说是百宝聚在，是一个巨大的海底“聚宝盆”。

深海奇宝锰结核

锰结核也叫锰矿瘤，多金属结核，是洋底表面软泥中蕴藏的矿产。它颜色黑褐，呈团块状，长得像煤球，所以有人把它称为“海底煤球”。很多人认为锰结核是近几十年里最了不起的发现，其实早在18世纪英国“挑战者”号进行环球海洋考察时，科学家们就从捞上来的软泥中首次发现了锰结核，但人们并没有认识到它的本来面目，于是它就成了大英博物馆的收藏品。

后来又有考察船发现了大量的锰结核，但是不少人不屑一顾，简单地认为这不过是装运锰矿石的货船沉没后遗留下来的罢了，没有什么意义，因而很少有人知道海洋里有锰结核这种东西。但自从深海采矿船“格洛玛勘探者”号大量采集并进行分析研究后，锰结核的价值才逐渐显现出来。后来，许多国家也投入了大量的资金进行调查研究，人们对锰结核的了解越来越多，并认识到了它的重要性。人们一致认为，这是人类找矿活动中具有划时代意义的发现。

锰结核多分布在水深4000～6000米的海底，它们大小不一，小的直径不到1毫米，大的可达几十厘米甚至更大，常见的直径为0.5～2.5厘米，平均8厘米，偶见大于1米、重几十到上百千克者。有人曾经打捞过重达20吨的团块，这是已知最大的锰结核块。

锰结核的内部构造就像一个洋葱头，有一层层的包裹体，核心往往是岩屑以及贝壳、珊瑚、鱼牙、鱼骨等生物碎片。锰结核的成分以锰和铁为主，并含有铜、钴、镍等四十几种金属元素、稀土元素和放射性元素。其中锰、铜、钴、镍在目前技术条件下具有工业意义。锰结核的各种金属成分中，有经济价值的锰占 27% ~ 30%，镍占 1.25% ~ 1.5%，铜占 1% ~ 1.4%，钴占 0.2% ~ 0.25%。铜、钴、镍是陆地上紧缺的矿产资源，所以从海底锰结核中获取这些金属非常重要。美国锰矿全靠进口，因而对开采锰结核尤其感兴趣，他们加紧了开采技术的研究工作，在大洋锰结核开发技术方面也处于领先地位。

海底锰结核的总储量估计为 30 000 亿吨，其中太平洋约 16 560 亿吨，可提取锰 4000 亿吨、铜 88 亿吨、钴 58 亿吨、镍 164 亿吨，分别为陆地储量的 200 倍、40 倍、1290 倍和 328 倍，以目前的消耗量计算，锰可供全世界用 33 000 年，镍可用 25 300 年，钴可用 21 500 年，铜可用 980 年，这实在是一些了不起的数字。更令人惊叹的是，锰结核还在不断地生长，而且生长的速度很快，仅太平洋每年就生成 1000 万吨。单是从每年新生长的锰结核中提取的金属，铜就可供全世界用 3 年，钴用 4 年，镍用 1 年，加上原有的，大洋锰结核可谓名副其实的取之不尽、用之不竭的资源了。

世界上各大洋中都分布有锰结核，其中以太平洋为最多，品质也最高。其又主要分布在北太平洋，以夏威夷群岛东南海域最为丰富。在有些海底，一团团的锰结核密密麻麻，彼此叠连成片，好像铺上了一层超级地毯。

海底为什么有如此多的锰结核？有人认为是水成作用，即海水中含有的金属成分从海水中析出后，沉淀至海底，逐渐成为结核；有人认为是成岩作用，即沉积物内的锰在海底与海水交界处析出，变成锰结核；还有人认为是生物作用，即从海洋表层沉降至海底的生物碎屑，把海水中的金属带到海底后，经微生物的活动而形成。此外还有热液成因论，即金属来自于火山活动有关的热液；海解成因论，即金属来自玄武岩碎屑的分解等。

不管成因如何，海底锰结核大量存在的事实给人类提供了开发的空间。为了开发大洋锰结核，20 世纪 70 年代中期以来，世界上组织了若干“国际财团”，以夏威夷至美国西海岸的洋底为中心进行资源勘探，然后进行采矿试验，并在夏威夷东南水深 5000 米的深海底用吸气法采矿系统采出了 300 多吨锰结核。20 世纪 80 年代，美国、日本、德国组成跨国公司，取得日产锰结核 300 ~ 500 吨的开采成绩。随后，美国、法国、德国先后建立了冶炼实验厂，日处理锰结核 80 多吨。

21 世纪以来，采集和加工锰结核的技术已不成问题，一旦经济上有利，便可形成产业，进入规模生产。由于各国已公认开发锰结核具有商业价值，所以近年来，许多国家主要致力于研制低成本、高效力的采矿设备。从早期的拖网、取样管和抓斗等，已发展到使用相机、深海录像电视系统，以及光学、电学、声学设备，甚至无缆取样等新方法。美国、英国、日本、加拿大、比利时、荷兰、德国等凭借已掌握的优势技术，试图抢先开采属于“人类共同遗产”的大洋矿产资源。第三世界国家也很焦急，为了维护海洋权益，他们纷纷购买采矿船，研究矿产设备，积极投入大洋锰结核的勘探和开采。以美国为代表的少数国家将其技术力量转移到开采技术难度较小、国际纠纷较少的海底热液矿开发上。热液矿和钴壳矿一般沉积于水深 800 ~ 2400 米处，比锰结核浅，开采价值较高，含金属元素丰富。

中国在锰结核的勘探和开采方面也迈出了可喜的一步。1979 年，“向阳红 5 号”海洋调查船在太平洋赤道海域考察，从 4000 米和 5000 米深海底采集到锰结核标本，填补了我国锰结核开采的空白。1983 年，“向阳红 16 号”船采用我国自制的采集设备，在西北太平洋 5000 米水深的海底采集了较大数量的锰结核，最重一块为 2.9 千克，调查面积有 80 万平方千米。1991 年 8 月，联合国国际海底管理局筹委会批准中国为国际海底矿产资源开发的“先驱投资者”，允许中国在东太平洋拥有 15 万平方千米的海底资源开采权。

据报道，中国在东太平洋勘查面积达 200 万平方千米，圈出有开采价值的申请区 30 万平方千米，锰结核储量达 20 亿吨。1986 年以后，中国水下机器人研制成功，并于1995年应用于深海调查，其应用数据传输和图像压缩的先进技术，获得了清晰的海底锰结核的录像和照片。水下机器人已可在6000米深的海底进行勘测。此外中国还研制出利用水下机器人采矿的两种模型样机，这两台机器的采矿效率高达85%以上。一些科研单位对锰结核的选矿和冶炼工艺进行试验，发现其可同时收回铜、钴、镍、锰、铁五种金属，回收率达90%。这些深水采矿设备以及冶炼工艺的研制成功，为我国开发深海矿产资源打下了坚实基础。

2001年，中国大洋协会在东太平洋获得7.5万平方千米的多金属结核资源勘查合同区。十年后，大洋协会又在非洲与南极洲之间的国际海底区域获得了拥有1万平方千米专属勘探权的多金属硫化物资源矿区。2011年我国已在印度洋发现了1万平方千米的硫化物矿区，并向联合国海洋管理委员会申请了对这片海区的优先开采权。据专家估计，到2020年，中国将形成深海采矿业，并具有年产锰结核300万千克的能力。

海底中的热液矿

1978年，从墨西哥近海海域传来一则消息：海底冒烟了！为了探明这种奇怪的海底冒烟现象，科学家们去那片海域进行了多次调查，结果发现，这不是陆地上的那种烟，而是从海底裂缝中喷出来的一种金属硫化物，它们从海水中喷涌而出，看上去好像“冒烟”一样。从海底裂缝中喷出的这些物质堆积在海底，就形成了一根根看上去像烟囱一样的堆积物。

在这些物质中，含有二十几种有用的元素，尤其富含硫化物，真不愧是一个“海底百宝箱”。但是人们不禁怀疑：海底裂缝中为什么会喷出金属硫化物呢？科学家为人们回答了这个问题：这其实是海底板块扩张所造成的。当两个板块产生相背运动时，海底就会出现裂隙，海水沿着板块裂隙下渗，在地热的影响下，温度升高，周围岩层中溶解的盐类和重金属会形成400℃以上的含矿溶液，并不断沿着海底裂隙向上喷涌，遇到深海0℃～2℃左右的冷水，便会形成矿物，沉至海底，成为含多种金属的沉积物——海底热液矿藏，也叫多金属硫化物。

为了进一步了解海底热液矿藏的情况，美国、法国以及墨西哥通力合作，利用“阿尔文”号潜水器对东太平洋海脊的海底隆起带进行了全方位的综合调查，并取得关于热液矿藏的大量第一手资料。

1980年，人们在厄瓜多尔西侧的加拉帕戈斯海脊附近发现了前所未有的热液矿。在水深2600米处找到了长1000～2000米、宽20～50米、高5～20米的巨型“烟囱”，据测量资料估计，这个大“烟囱”中的矿物储量达2500万吨，其中铁占43%，铜占11%，铅占0.8%，还有银、镉、锡、钒等，品质都非常高。1981年，在美国俄勒冈近海海底也发现了同种类型的大型矿床。

此后，人们在智利复活节岛附近海底、美国华盛顿州近海海底一带，甚至在夏威夷近海、地中海、印度尼西亚近海、菲律宾近海、西印度洋、马里亚纳洋中脊顶部等都发现并证实热液矿的存在。

我国同样也在多处海域发现了热液矿。2009年，我国“大洋1号”海洋科学考察船在东太平洋海隆发现了五个活动的海底热液区，其中四个热液区总长达21千米，系超大型的热液活动区。同年，“大洋1号”在太平洋赤道附近的洋中脊扩张中心，用我国自主研制的水下机器人“海龙2号”找到了一个直径约4.5米、高26米的巨大“黑烟囱”，并用机械手从“黑烟囱”里抓获7千克硫化物样品。

除了这些海底“黑烟囱”外，我国科学家在这次海洋科学考察中还发现了长达20千米的超大范围的新型碳酸钙“白烟囱”。这一发现，说明洋中脊有多种形式的热液活动。目前已发现的热液矿面积大约为1亿平方千米，和锰结核一样，热液矿也是可再生能源，增长速度为每年5毫米，仅每年增长的铜就有5万吨。可见，热液矿藏是取之不尽、用之不竭的。

海底热液矿分布在水深2000～3000米的深海底，比海底锰结核生成周期还要短，而且热液矿中还含有锰结核中没有的金、银等贵重金属，无论在开发技术上还是经济价值上都优于锰结核，因此许多国家都投入相当力量进行调查，研究可行的开采方案。

例如，红海沿岸的沙特阿拉伯和苏丹早在1975年就成立了“红海委员会”，并与德国一家公司合作，专门对红海海域的热液矿藏进行了试采。功夫不负有心人，四年以后，他们终于从2200米的海底开采到了这种热液矿。

由于热液矿是以金属软泥的形态出现，经过电控振动筛就能很好地将其与水混合起来，变得比较稀薄，从而为设备的抽吸创造了条件。这样一来，只要先用电控振动筛将金属软泥与海水混合起来，使之成为比较稀薄的浆状，然后用抽吸装置抽取上来，再将水分除去，就可以获得金属含量较高的浓缩物，而这些浓缩物就可作为冶炼厂的原料来进行提炼。

可燃冰的魅力

当锰结核和海底热液矿吸引人们前往深海探宝的时候，另一种埋藏在海底的奇特冰块又引起了人们的关注。这种白色的冰块分布在深海的沉积物或者陆地上的永久冻土中，是由天然气和水在高压低温条件下形成的类似冰状的结晶物质。因其外观像冰而且遇火即可燃烧，所以被人们称为“可燃冰”，也叫“固体瓦斯”和“气冰”。

可燃冰是20世纪科学考察中发现的一种新的矿产资源，被誉为21世纪最具有商业开发价值的战略资源。可燃冰是一种新型高效能源，其成分与人们平时所使用的天然气成分相近，但更为纯净，开采时只需将固体的可燃冰升温减压就可释放出大量的甲烷气体。

可燃冰使用方便，燃烧值高，清洁无污染。据了解，全球可燃冰的储量是现有天然气、石油储量的两倍，具有广阔的开发前景。美国、日本等国均已经在各自海域发现并开采出可燃冰。据测算，中国南海可燃冰的资源量为700亿吨油当量，约相当于中国陆上石油、天然气资源量总数的一半。

美国、德国、日本的可燃冰开采走在世界前列。世界上有近八十个国家和地区都发现了可燃冰矿藏，至少有三十几个国家和地区在进行可燃冰的研究与调查勘探。《可燃冰市场调研与发展趋势研究报告》显示，1960年苏联在西伯利亚发现了第一个可燃冰气藏，并于1969年投入开发，采气十四年，总采气50.17亿立方米。

美国在1969年实施了可燃冰调查。1998年，美国把可燃冰作为国家发展的战略能源列入国家级长远计划，计划到2015年进行商业性试开采。

日本在1992年也开始关注可燃冰。目前，已基本完成日本周边海域的可燃冰调查与评价，钻探了七口探井，圈定了十二块矿集区，并成功取得可燃冰样本，首次试开采成功获得气流。

中国虽然起步较晚，但调查发现，中国可燃冰资源储量丰富。2007年5月1日凌晨，中国在南海北部首次采样成功，证实了中国南海北部蕴藏丰富的可燃冰资源，标志着中国可燃冰调查研究水平已步入世界先进行列，中国成为继美国、日本、印度之后第四个通过国家级研发计划采到实物样品可燃冰的国家。

可燃冰这种宝贝可是来之不易，它的诞生至少要满足三个条件：第一是温度不能太高，如果温度高于20℃，它就会蒸发，所以，海底的温度最适合可燃冰的形成；第二是压力要足够大，海水越深，压力就越大，可燃冰也就越稳定；第三是要有甲烷气源，海底古生物尸体的沉积物被细菌分解后会产生甲烷。所以，可燃冰在世界各大洋中均有分布。中国东海、南海都有相当数量的矿藏。

全球常规石油、天然气资源消耗巨大，预计在五十年后就会枯竭。能源危机让人们忧心忡忡，而可燃冰就像是上天赐予人类的珍宝，它年复一年地积累，形成延伸数千乃至数万千米的矿床。仅仅是已探明的可燃冰储量就比全世界煤炭、石油和天然气加起来的储量还要多几倍。

科学家的调查结果表明，仅仅在海底区域，可燃冰的分布面积就达4000万平方千米。世界上海底可燃冰已发现的主要分布区是布莱克海台、墨西哥湾、加勒比海、南美东部陆缘、非洲西部陆缘、千岛海沟、冲绳海槽、白令海、鄂霍茨克海、日本海、四国海槽、日本南海海槽、苏拉威西海、新西兰北部海域、中美洲海槽、秘鲁海槽、阿曼海湾、罗斯海、威德尔海、巴伦支海、波弗特海，以及黑海与里海等。

因此，从20世纪80年代开始，美国、日本、英国、德国、加拿大等发达国家纷纷投入巨额资金相继开展了本土和国际海底天然气水合物的调查研究工作，同时美国、日本、加拿大、印度等国已经制订了勘查和开发可燃冰的国家计划。特别是日本和印度，在勘查和开发可燃冰的能力方面已处于领先地位。

2009年9月中国地质部门公布，在青藏高原发现了一种名为可燃冰的环保新能源，预计十年左右能投入使用。这是中国首次在陆域上发现可燃冰，使中国成为继加拿大、美国之后，在陆域上通过国家计划钻探发现可燃冰的第三个国家。据初步估算，远景资源量至少有350亿吨油当量。

深海第三大资源——钴矿

钴是一种灰白色的金属元素，它的化学性质像钛，可以用来制造超耐热合金和特种钢，也可以用作瓷器和玻璃上的蓝颜料，同时它也是一种重要的医药原料，可代替镭来治疗恶性肿瘤。无论在工业上、医学上它都是一种重要的原料。

钴是一种战略物资，在军事领域的用途巨大，是飞机和导弹的重要原料。过去钴在陆地上的产量很少，主要产在扎伊尔。

20 世纪 80 年代，美国和德国两国合作，在夏威夷以南的海底发现了钴资源，其中钴的品质是陆地上的十倍以上。钴资源集中在 800 ~ 2400 米深处海底高原的斜坡上，大多是离陆地不远的海域。以太平洋为中心，各大洋的海底均不同程度地蕴藏着钴矿。其中仅在美国西海岸 370 千米的海域就蕴藏着 4000 万吨的钴资源，足够全世界使用上千年。

1982 年 12 月，联合国通过的《国际海洋法公约》明确规定：深海资源是人类共同的财产，包括海底在内，任何国家对此没有管辖权。所有在深海的资源勘探活动，均受联合国下属的国际海底组织领导，开发成果则由开发国和该组织对半享有。

里根总统上任后，美国政府公开表示，《海洋法》条约中关于深海海底的开发规定不能充分保护美国本国的利益，于是推出了《海洋法条约》，企图拉拢一些国家与联合国对抗。1983 年，美国宣布大陆架约 370 千米为本国专属经济区，随后英国、德国也推出相类似的条约。但是，美国的单边主义和一些西方国家的私自行为引起全世界很多国家的义愤。联合国《海洋法公约》本身仍在 1982 年年底获得 117 个国家的支持，两年后加入该条约的国家数量已达 159 个。美国曾希望日本也退出该公约，但日本从自身的利益出发，还是在 1983 年加入了该公约。

自从美国公开宣称 370 千米为专属经济区之后，其他许多国家为了保护自己沿海海底的钴矿不受侵占，都仿效美国，这给了美国一记响亮的耳光，美国搬起石头砸了自己的脚。如今，美国、法国、俄罗斯等国正在加紧进行海底地形调查。各个技术大国都想抢先开发海底的钴矿，这引起人们的普遍关注。

海水中的“液体宝库”

地球上海水的总储量为 13.7 亿立方千米，海水中含有的矿物元素主要是盐，其次是硫、镁、钙、钾、碳、溴和硼。此外，世界上最稀有的贵金属黄金，海水中的含量也在 500 万吨左右；制造核弹的铀原料，陆地上的储量为 100 万吨，海水中却蕴藏 45 亿吨之多；制造飞机、导弹不可缺少的材料镁，海水中有 1800 亿吨。其他还有很多，如果能把海水中的氢全部提取出来，按现在地球上人们对能量的需求计算，可供人类使用 5 亿 ~ 10 亿年，如果把海水中的盐都提取出来，陆地会增高 150 米，因此，海水不愧为人类的“液体宝库”。

洁白晶体——食盐。浩瀚的海洋是盐的主要来源。据科学家计算，每 1000 千克海水里就有 35 千克盐，全世界海洋中，至少有 5 亿亿吨盐。如果能把海水全蒸干，海底就会铺上一层厚达 60 米的盐层。

目前，世界上食盐产量的45%是通过日光蒸发海水来提取的。此外，另一个主要盐来源是日益消失的古海。如果把我国柴达木盆地盐湖中的盐全部开采出来，足够全国人民食用八千多年以上。

我国拥有漫长的海岸线，尤其是北方沿海，气候条件适宜，光照时间充足，降雨少，海水盐度高，为盐田生产提供了众多有利条件。目前我国沿海多个省、市、自治区都生产海盐，主要分布在辽东半岛、胶州湾、莱州湾、渤海湾、湄洲湾、雷州湾、北部湾等大小湾内。

根据我国的海岸和气候情况，可以淮河为界，把我国盐田分为南北两大海盐区。北方区年产盐1100万吨，约占全国海盐产量的85%。我国大中型海盐企业基本都分布在该地区，其中百万吨的大型企业有四家，约占全国产量的60%，起着骨干作用。

南方盐区由于滩涂面积小，又多雨水，因此生产规模小，海盐产量只占我国总产量的15%左右。南方的最大盐场是海南省乐东县莺歌海盐场。20世纪60年代，郭沫若曾到那里视察工作，并写下了“盐田万顷莺歌海，四季长春极乐园”这样的优美诗句。

根据最近国家公布的数据，中国有五十几家盐化工厂，产品品种55种，年产量50万吨，产值2577亿元，我国盐产量居世界首位。

核燃料——铀。铀是制造核武器的原料，是目前在许多国家备受青睐的战略资源，但是陆地上的铀储量非常有限，而且分布极度不均。于是，人们把目光投向了海洋，渴望从海水中提取铀原料。

每升海水中约含有3.3微克的铀，虽然含量很低，但是海洋太大了，海水太多了，所以海水中的铀总量相当可观，达45亿吨，是陆地铀的4500倍。世界上最早从海水中提取铀的国家是英国。第二次世界大战之后，英国见到美国拥有原子弹，在世界各国有很大的威慑力，也急切地想拥有原子弹。但是英国偏偏是缺铀国家，核武器原料无法自给，于是他们把希望放在了海洋中，想从海水中提取铀。

英国特丁顿化学研究实验室1952年开始着手用离子交换树脂从海水中提取铀原料，但效果不十分明显。1964年，英国哈威尔研究所又提出了利用吸附法从海水中提取铀的技术方案。1968年，英国考虑在米奈海峡建立生产1000吨铀的工厂，但由于种种原因没有成功。1973年，英国发生能源危机之后，原子能管理局又成立“海水提铀研究会”，继续对海水提铀进行研究。

日本虽然是个贫铀国家，但是它对核武器研究非常热衷，所以很早就开始着手对海水提铀进行研究。1960年开始，日本加快研究从海水中提取铀的方法，1986年建成了年产10千克铀的模拟工厂。现已建成规模较大的海水提铀厂，年产达1000千克。目前世界上有二十几个国家，如俄罗斯、美国、德国等，都相继进行海水提铀的技术研究，但水平和规模都不及日本。我国从海水中提铀的研究也始于20世纪60年代，目前已经试验出多种在海水中吸附铀的方法。

当前，整个海水提铀的研究工作还处于初期试验阶段，要实现工业化生产还有很长的一段路要走。但随着科学技术的不断进步，攻克技术难题的步伐会加快，海水提铀工业化定能实现。因为不但制造原子弹需要铀，核能发电也需要铀。

镁砂。人们对镁很陌生，其实镁这种物质与我们的生活息息相关。镁合金可用来制造飞机、镁光灯、照明灯。镁的肥料还能促进农作物进行光合作用。那么海水中到底含有多少镁元素呢？经测定，它仅次于氯和钠，位居第三，每升海水中含有1290毫克的镁，其总量有1800亿吨。

20世纪60年代人们从海水中提取的镁砂纯度就达96% ~ 98%，目前可达到99%以上。这种在海水中提取的镁砂纯度非常高，可以满足冶金工业的特殊要求。这样一来，人们向海水宝库中要纯镁砂就成了一种工业。美国、日本、俄罗斯等国家所应用的45%以上的镁砂都是从海水中提取的。

早在1885年，法国就开始了从海水中提取镁砂。1941年，美国也建成了两个工厂，每年产1.8万吨和3.2万吨镁砂。到1944年，根据制造飞机需要，又建成了六个厂生产镁砂，年产量达77.5万吨，占总产量的74%，成了世界上从海水中提镁最多的国家。

日本是海洋岛国，对海水的利用也格外重视。1949年，日本开始从海水中提取镁砂，当年投产就生产了4000吨镁砂。现在日本拥有世界上最大的海水镁砂生产工厂。日本全国从海水中提取镁砂年产量达70万吨，居世界第二。

从海水中提取镁砂主要采用什么方法呢？在海水中加碱，使海水沉淀是最基本的一种方法。所用的碱几乎都是石灰。生产的简要过程是，首先把海水打入沉淀槽，再放入石灰粉使其与海水快速反应，经过沉降、洗涤和过滤就可得到氢氧化镁沉淀块，再进一步炼烧就可得到耐火材料氧化镁。为了制成金属镁，须加盐酸把它变成氯化镁，经过滤、干燥，然后在电解槽中电解，就可得到金属镁。后来从海水中提取镁的技术不断进步，镁砂质量也因此逐步提高。

溴素。人们对溴素不怎么了解，其实很多人已经应用过它。如当人们被失眠所困扰时，医生会给你开几片镇静剂，其中就有溴素。当你染上病毒时，医生会开青霉素、链霉素等各种抗病菌药物，这些药物同样离不开溴素。农业上的杀虫剂就有溴成分，工业上的用途就更大了。目前大量使用的抗爆剂就是把二溴乙烷同四乙基铅一起加到汽油中，这样可使燃烧后产生的氧化铅变成具有挥发性的溴化铅排出，可防止汽油爆炸。另外溴还可以用来精炼石油。

海水中溴素的含量较高，每升海水中含有67毫克。海水中溴素的总量有95亿吨之多，占地球溴总量的99%以上。那么是谁先发现海水中的溴的呢？1825年，法国化学家巴拉得用氯处理海水卤水后，蒸馏得到了海水中排行第七的成分——溴，于是这位23岁的青年就成为了溴的发现者。

溴素被应用到照相技术中始于1840年，于是溴素的提炼工业迅速发展起来。当时欧洲所需的溴素都是从卤水和天然盐水中取得的。1865年，有人利用制取钾盐剩下的溶液，采用二氧化锰和硫酸氧化法提溴。1877年改为用连续的氯氧化法提溴。1907年，德国人又在此基础上进行了重大改进，溴的提取方法获得了进一步的发展。1921年，溴加入汽油中做抗爆剂之后，二溴乙烷的用量剧增，这促进了制溴工业的发展。溴的用量从1902年的500吨，发展到1930年的5000吨，于是海水提溴形成了工业化生产。美国、英国、德国、日本、法国等国相继建立了海水提溴工厂，这样，世界溴产量的70%都由海水中提取。美国有世界上最大的海水提溴工厂，该厂生产的溴素几乎占世界海水提溴总量的三分之二。后来，美国发现从天然浓盐水中提溴成本低很多，因此着重开发盐水资源。

海水中提取溴素，目前主要有空气吹出法和吸附法两种方法。世界各国多采用空气吹出法。这种方法使用氯气氧化海水中的溴离子，使其变成溴气，然后通入空气或水蒸气将溴气吹出来。第二种吸附法是指用强碱性阴离子交换树脂做吸附剂，用于海水提溴。这种树脂具有良好的物理化学稳定性，经过试验，每克干树脂的吸附量为0.06克，可使用三年。

目前，海水提溴世界总产量近20万千克，其中美国占了其中的大部分。这是因为美国拥有丰富的天然浓盐水作为原料，这是个得天独厚的条件。我国海水提溴起步晚，从1967年开始研究，现在已建立了一些工厂，年产量都在100吨左右，规模都比较小。值得注意的是，无论溴用作汽油抗爆剂也好，用作农药也好，都会污染环境，目前已被限制使用。相信随着科学技术的不断发展，人类将会发现溴的新用途，那时海水提溴工业又会得到新的发展。

海水综合开发的潜力很大，除了上面提到的几种化学元素外，还有氯、钾、金、硝、硼、锶等。总之海水是取之不尽的资源，但是打开这个宝库的钥匙不是靠人力，而是依赖高科技，谁拥有高科技，“液体宝库”就会给谁赠送丰厚的礼物。

海滨砂矿中的宝藏

海底地层深处不仅有石油和天然气资源，海滨砂矿中更有象征爱心永留的钻石，它同石油一样，是海洋里诱人的财富。这里，我们就来介绍一下海滨砂矿。海滨砂矿是指海滨地带由河流、波浪、潮汐和海流的搬运和分选作用，使重矿物碎屑在有利于富集的地段聚集而形成的次生富集矿床。在某些地区，冰川和风的搬运也起一定作用。它既包括现处在海滨地带的砂矿，也包括在地质时期形成于海滨，后因海面上升或海岸下降而处在海面以下的砂矿。它主要由钽铁、磁铁、磷钇、金、铁、金红石、金刚石、石英砂、煤等矿种组成。

海滨砂矿中还有很多贵重矿物。如独居石含有火箭、飞机外壳用的铌和反应堆及微电路用的钽；耐高温和耐腐蚀的锆铁、锆英石在核潜艇和核反应堆中有重要作用；金红石含有可用作发射火箭的固体燃料钛；某些海区还有黄金、白金和银等。

砂矿的地域分布广，在很多国家的沿海和大陆架都有广泛的分布，但是形成巨大矿床的不多见。由于砂矿的开采和分选易于进行，许多国家都在开采，有的开采量很大，如世界上96%的锆石和90%的金红石就产自海滨砂矿。海滨砂矿最为大宗的是建筑用砂和砾石。

中国海滨砂矿丰富，辽东半岛、山东半岛、广东和台湾沿岸均有分布，且多属复矿型砂矿，主要有金、钛铁、磁铁、锆石、独居石和金红石等。常见的主要砂矿有金、铂、锡、钍、钛、锆、金刚石等。

海滨砂矿中的稀有、稀土矿产主要分布在热带、亚热带，在温带也有分布。以中国沿海、印度半岛、非洲西海岸、大洋洲和大西洋西岸最为集中，仅印度半岛的储量就达1.278亿吨。

锡砂矿主要集中于东南亚国家热带地区，矿带海陆相连；金矿和铁砂等贵金属矿产主要分布在美国阿拉斯加州诺姆等地区；铬铁分布于美国西海岸；黑色金属矿中的磁铁矿主要分布在日本和加拿大；钛磁铁矿分布在新西兰；金刚石矿主要分布于西南非洲沿岸和浅海。全世界大部分天然金刚石来自海洋。南非是海洋金刚石的主要生产国，其次是俄罗斯。

世界上已开采的海底铁一个是加拿大纽芬兰附近延伸到大西洋底的铁矿，另一个是芬兰湾贾亚萨罗·克鲁瓦矿。纽芬兰的大西洋底铁矿的储量为几十亿吨，从贝尔岛的入口修建竖井和隧道进行开采。这个矿已经开采几十年了。此处的铁矿属于磁铁矿脉，是用地球物理磁力探矿法发现的。开采时通过竖井和2.5千米长的隧道进行，还有一处是从邻近岛上打下竖井和水平坑道进行。

世界上惟一的海底基岩锡矿是英国康沃尔附近的莱文特锡矿。该处的锡矿脉距离海岸1.6千米，是直立锡矿脉。入口处设在海岸上，开凿了岸边竖井，采取下向梯段回采法。这个海底锡矿是个老矿，1969年曾进行过矿区改造，成功地完成了与旧矿区隔离的改造工程。

阿拉斯加附近的卡斯尔海滨开发的海底重晶石矿是目前世界上为数不多的海底重晶石矿之一。该矿场距海岸1.6千米，矿脉在海底15.2米。由于覆盖层比较薄，所以采取了爆破开掘采矿法。

大海如同一个永不停息的粉碎机和分选机，昼夜不停地加工制造富含各种金属和非金属的细砂，并把它们按种类聚集在一起，形成可供人类开发利用的矿体。我们在利用它们的同时也要注意保护环境。

加拿大多伦多大学生态学家最新发现，日益发展的海底采矿业给海底珍稀生物体的生存环境带来了巨大威胁。不正确的开采方式及过度的开采对海洋生物的栖息地造成了极大的破坏，无数动植物及微生物濒临灭绝。

采矿过程中将深海的浓缩营养物提升至海洋表面营养物相对缺乏的区域，引发海洋表面海藻繁殖，从而污染了捕鱼业赖以生存的水域。通过洋流，营养物将漂流到其他区域，破坏食物链，损坏其他国家甚至公海的生态系统。但是，在各国领海内进行开采的有关法律法规限制几乎没有。

科学家还强调，现在人们就应该采取行动，通过科学的方法和法律的形式，保护这些敏感脆弱的生态系统，尽量降低海底采矿对环境的影响。但由于市场上对金属的需求迅猛增长，其价格也呈飞速上涨趋势，同时由于一些国家行政管理机构在采矿管理方面纪录不佳，制定海底采矿法规的前景不容乐观。

海洋牧场

海洋是生物资源的巨大宝库，有生物 20 多万种，其中动物 18 万种，植物 2.5 万种。在这些生物资源中，被人类利用的是少数，当成粮菜开发的更少。被人类捕捞的鱼类仅 2000 余种，产量百万吨以上只有 8 种。但海洋中的生物资源是极其丰富的，无论藻类还是鱼类，开发潜力都非常大，是人类解决因人口增加而发生“粮荒”困难的主要出路。海洋是个巨大的粮菜宝库。

蛋白质的仓库

鱼类是人们餐桌上的美食，几乎家家离不开它。但是人们对捕鱼业有多少了解呢？海洋捕捞业是一项历史悠久的传统行业。由于捕鱼技术的改进，探测鱼群仪器的发明，渔业的捕捞量猛增，每年的捕捞量都在亿吨以上。海洋鱼类占整个鱼产量的90%左右，因此海洋是人们获取蛋白质的大宝库。据测算，在海洋环境保持平衡的情况下，每年海洋可为人类提供2亿吨的鱼类。

海洋的渔业资源主要分布在沿海大陆架海域，即从海岸延伸到水下大约200米深的大陆海底部分。这里阳光集中，生物的光合作用强，鱼类的饵料丰富。入海河流带来了丰富的营养盐类，因而浮游生物繁盛；温带海区的季节变化显著，冬季表层海水和底部海水发生交换，上泛的海水含有丰富的营养盐类，有利于浮游生物繁殖；另外寒暖流交汇处和冷海水上泛处，饵料也很丰富。

北海渔场、北海道渔场、纽芬兰渔场都是寒暖流交汇形成的。只有秘鲁渔场，是由于该地区沿海盛行上升补偿流，将深海的营养盐类带到表层，促使浮游生物大量繁衍，为鱼类提供了充足的饵料，因而形成了世界级的大渔场。

秘鲁沿岸盛行离岸风，风从陆地吹向海洋。海水由岸边流向大洋深处，出发海区海水减少，海洋底部冷海水上升补充，将海底大量硅酸盐、磷酸盐带到海水表层，成为浮游生物的饵料，导致浮游生物大量繁殖，而浮游生物又是鱼类的饵料，因此秘鲁沿岸盛行的上升补偿流使秘鲁渔场成了世界四大渔场之一。

北海道渔场是世界上第一大渔场，地处亚洲北部千岛寒流与日本暖流交汇的北海道附近海域。

寒暖流交汇会使海水发生搅动，上泛的海水将底层的营养盐类带到海洋表层，使浮游生物繁盛，为鱼类提供丰富的饵料，进而丰富渔业资源。另外寒暖流交汇可产生“水障”，阻止鱼群游动，有利于形成大的渔场。而且该地区的捕鱼业采用先进的科学技术，国家养殖渔业发达，所以成为世界第一大渔场。北海道渔场主要产鱼类型有太平洋鲱鱼、鲑鱼、秋刀鱼、狭鳕、远东拟沙丁鱼。

位于加拿大境内纽芬兰岛附近海域的纽芬兰渔场，同样是世界著名的渔场之一。纽芬兰渔场的形成是由于拉布拉多寒流和墨西哥湾暖流在纽芬兰岛附近交汇。纽芬兰渔场的主要海产是鳕鱼。鳕鱼带来的财富实在太诱人，人们采用现代化的破冰船和高科技电子、声呐技术，让残存的鳕鱼无处可逃，并且将这一海域的生态环境破坏殆尽。到 2003 年，禁渔令实施了十一年后，纽芬兰水域还是一片死寂，昔日似乎取之不尽的鳕鱼如今却是难觅踪影。无奈之下，加拿大渔业部不得不宣布：彻底关闭纽芬兰及圣劳伦斯湾沿海渔场。

另外，不得不提到北海渔场。北海渔场是由北大西洋暖流与东格陵兰寒流交汇形成的。冷、暖海流交汇，产生涌升流。涌升流区海水不断从下层涌到表层，海水下层的腐解的有机质等营养物质也随之被带到表层。因此，这一海区水质肥沃，形成了北海高产渔区。其主要海产是鳕鱼、鲱鱼、毛鳞鱼。

秘鲁渔场也是世界著名渔场，水产资源十分丰富，盛产鳀鱼等八百多种鱼类及贝类。秘鲁是世界最大的渔业生产和出口国之一。鳀鱼体扁平，身长 10 厘米左右，呈蓝绿色，形似沙丁鱼，因此也称秘鲁沙丁鱼，每年夏秋之交群集于秘鲁海滨。鳀鱼虽不能食用，但其骨骼是鱼粉工业的主要原料。秘鲁所获鳀鱼的 90%以上用来制作鱼粉和鱼油。渔产品 90%以上供出口，鱼粉出口量居世界首位，销往五十多个国家。

我国海洋鱼类近 2000 种，其中 300 多种是重要经济鱼类，60 ~ 70 种是最为常见而产量又较高的主要经济鱼类。就海区而论，以南海的鱼种最多，有1000多种，其中具有捕捞价值的有100 ~ 200种。东海鱼类有700多种，产量却比南海高，主要经济鱼类近百种。黄海、渤海两个海区的鱼类共有250多种，主要经济鱼类约40种。

海洋中凡是生产能力高的水域大多是鱼类繁殖生息的良好场所。营养盐类的多寡是决定水域生产能力高低的重要因素之一。我国近海大陆架的面积有276万平方千米，近海海流系统复杂，岛礁广布，局部还有涌升流等现象，故水产资源潜力很大。仅大陆架渔场面积就有150万平方千米，为世界浅海渔场的四分之一，居世界第一位。据估测，我国近海年产鱼类约为1500万吨。

纵观世界渔业生产情况，渔获量80%来自水深不到180米的大陆架海区。因此，世界上一些先进国家在巩固和发展近海渔场基础上，纷纷向深海远洋进军。围绕这一任务，渔业技术，如渔业调查技术，新渔场勘探技术，深海捕捞技术，以及利用卫星、遥感、声学、光学诱捕技术的研究等都发展起来。技术方面谁先进，谁的渔获量就多，谁就能从海洋中取得更多的资源。

第三种粮食资源——海藻

海洋中的海藻不仅是工业原料，而且其中有近百种是可供食用的，其中的海带、裙带菜等已在许多国家作为蔬菜食用了。在发达国家，许多人摄入的蛋白质及其他营养过多，得了心血管疾病，而海藻是治疗这些疾病最有效的食物。目前日本是利用海藻最多的国家，其90%是食品。海带、紫菜等食用量每年达50万吨左右。仅海带一类就加工成上百种不同风味的食品。有些国家把含碘的海藻作为儿童食品的补剂。

海藻可制造高蛋白食品，据测定，干小球藻含蛋白质40%～50%、脂肪20%、碳水化合物20%，其蛋白质含量是大米的5倍，脂肪是大米的10倍，维生素A是菠菜的3倍。此外，小球藻还含有丰富的赖氨酸、蛋氨酸，与动物蛋白不相上下，因此许多科学家把小球藻当成第三种粮食资源加以重视。螺旋藻的蛋白质含量高达60%～70%，是大豆的1.5倍，干酪的2.4倍，小麦的6倍，消化率高，氨基酸组成合理，还含有大量维生素和无机盐，产量高、繁殖快，有水的地方，包括盐咸洼地和房顶水池，都能养殖螺旋藻。科学家预言，未来解决粮荒，开发螺旋藻食品是光明的出路。

目前海藻还被广泛应用于制作饲料、肥料等方面。海藻肥料是上等的有机复合肥料，不仅含有氮、磷、钾营养三要素，而且还含有各种微量元素，如铁、钙、镁等，这些元素都是植物所必需的。英国用齿缘墨角藻做小麦的肥料，美国用巨藻做马铃薯的肥料。现今，挪威、英国等国家已进行大规模商业性生产，不仅供本国使用，还出销欧、亚、拉美等几十个国家。

海藻是海洋中的低等水生植物，可分两大类。第一类为水中浮游植物，主要是大量单细胞水生植物，以硅藻和绿藻为主，它们靠阳光和水里的营养盐类生活。浮游植物是海洋中有机物的基本生产者，是一切海洋动物的“粮仓”。这些浮游植物除了含有某些维生素外，还含有人体所必需的多样营养物质。第二类为近岸大型水生植物，如海带、紫菜、裙带菜等。这些水生植物形成了一条围绕世界海洋的带子，在一定宽度以内，有些地方的藻类一年会繁殖数百倍。尽管人类所能利用的仅是很小的一部分，海藻工业也刚刚开始，但是有科学家预言，未来的人类粮仓将一半来自海洋中的藻类。

南海有数十种藻类，其中有种叫麒麟菜，又名琼脂，也叫石花菜，属于红藻类，生长在热带海底的珊瑚礁上。它生长发育很快，主要依靠本身的再生繁殖，每年夏秋两季都是养殖和采捞麒麟菜的季节。它被人们称为“海底庄稼”，具有很高的经济价值，是工业上的“万能原料”。

为什么麒麟菜在工业上能被称为“万能”呢？主要是它可以被制成琼胶。这种原料用处很大，它可作为罐头的凝固剂、填充剂，也可制高级糖果、冰淇淋，还可以在医药上用作细菌培养剂、轻泻剂和清凉剂，此外还可制成空心胶囊治疗高血压。在现代工业上，琼胶可用作水性染料、纺织工业上的粘纱剂、印刷上的胶版和缓冲剂。

麒麟菜可以生吃，还可以混合进石灰里砌筑墙壁，使墙壁光亮美观、坚实耐用。就连制作日常生活中的毛笔、橡皮，包括裱糊字画等，它都成了不可缺少的原料。可见，麒麟菜被称为“万能”是名不虚传的。

我国人民利用麒麟菜已有悠久的历史，新中国成立后就把它列为重要的水产资源加以保护。根据海洋学家调查考察发现，西沙、南沙的珊瑚礁非常适合麒麟菜生长，有广阔的养殖和开发前途，日后必将成为一大珍贵资源。

在南海还有一种菜值得重视，这就是鹧鸪菜。鹧鸪菜又名美舌藻，是一种红藻，生长在海中岩石上，在春夏之间成熟。这种藻不仅可以食用，而且还是一种很好的驱蛔药物。我们的祖先古时候就知道鹧鸪菜有驱蛔的效用了，在 1530 年的民间药书中就有这样的记载：“鹧鸪菜生海石中，散碎，色微黑，小儿食之能下腹中虫。”

我国有关部门为了开发药物资源，对鹧鸪菜进行了系统研究，肯定了它的驱蛔疗效，而且从中提取出了有效成分——美舌藻甲素。鹧鸪菜最大优点是驱蛔没有副作用，不像别的驱蛔药那样会使人头晕呕吐和心跳加快，在服药期间也不必忌口，即使长期服用也不易产生抗药性，实不愧为一种安全有效的药品。大量养殖鹧鸪菜，充分利用这一藻类资源，是值得相关部门重视的。

海兽动物园

南大洋向来有“鲸鱼王国”之称，这里成了各种鲸类栖息和嬉戏的乐园。每当南极的夏季来临，洋面开始解冻，蓝鲸、虎鲸、座头鲸等几十种鲸类从世界各地像赶庙会似的向南大洋蜂拥而来，到这里吞食丰富的饵料，度过悠闲的黄金季节。

蓝鲸是“鲸中之王”。最大的蓝鲸身长30余米，重达170吨，仅一根舌头就比一头大象重。它的力气大得惊人，可以和火车头相媲美。有一艘27米长的捕鲸船，有两台主机，竟被捕住的一条蓝鲸拖着跑，哪怕全速开倒车也丝毫拖不住。蓝鲸以磷虾为食，每天要吃5吨左右磷虾。

虎鲸是一种大型齿鲸，身长为8～10米，体重9吨左右，它又被称为“杀人鲸”。虎鲸的大脑非常发达，同时身体拥有强大力量，凭借这些优势，这种高智商动物能够追赶和捕杀海洋中的很多顶级捕食者。一些虎鲸家族成员的菜单上至少列出了九种鲨鱼美味，其中就包括令很多动物闻风丧胆的大白鲨和灰鲭鲨。

座头鲸平均体长雄性为12.9米，雌性为13.7米，体重25～35吨。常发出类似唱歌的繁杂声音，因此成为海洋生物学家、音乐家钟爱的研究对象。座头鲸是社会性动物，性情十分温顺可亲，成体之间也常以相互触摸来表达感情，但在与敌人格斗时，则用鳍状肢或者强有力的尾巴猛击对方，甚至用头部去顶撞，结果常皮肉破裂、鲜血直流。

鲸鱼浑身是宝，具有重要的经济价值，鲸肉、鲸油、鲸骨和鲸皮都是重要的工业原料。因为这种巨大的经济价值，又加上它活动太有规律，因此遭到人类毁灭性的捕杀，使它濒临灭绝的危险，现在全世界各国都在采取措施保护鲸群。

南大洋的海豹也很多，大约有3200万头。主要种类有食蟹海豹、象形海豹、罗斯海豹和威德尔海豹。每当生殖和换毛期间，它们都要从大洋回到陆地和冰上，以传宗接代、繁衍子孙。南极海豹中，数量最多的是食蟹海豹，约有1500万头。威德尔海豹是南极特有的品种，它们能在冰层下停留一个小时，它们用尖锐的门牙施展“打孔专家”的本领，爬出冰洞透气。象形海豹又叫海象，是最丑陋的海兽。罗斯海豹栖息在罗斯冰架中心地带，深居简出，人们很难见到。

随着时代的发展，海豹的经济价值逐渐被人们认识，商业性的大规模捕杀就开始了，如今有的品种已快要灭绝，数量已经下降到灭亡的边缘。1972年，十几个国家缔结了一个保护海豹的公约，限杀海豹数量，这才使捕杀海豹的行为有所收敛，海豹的数量有所回升。

南极还有七种企鹅，约5700万只，是南极的标志性动物。其中帝企鹅和阿德雷企鹅是南极大陆的“土著居民”，巴布亚企鹅、长冠企鹅、帽带企鹅、王企鹅和冠企鹅多生活在南大洋和亚南极。

南极还有其他数十种鸟类，其中以信天翁、巨海燕、贼鸥最为著名。总之，南极的生物资源是极为丰富的，而且都有它们自己的特殊性。

同样北极的生物资源也极其丰富，大型哺乳类动物主要有格陵兰鲸、海象、白熊、北方鹿、麝牛等。这些动物不仅提供大量肉类，而且是珍贵的药材。

格陵兰鲸与北极结下了不解之缘，它已适应了在寒冷的冰水下生活的环境，所以它的别名叫“极地鲸”。它们能在冰层的冰窟窿里和断裂冰层的缝隙间任意驰骋，用脊背撞开初冻的冰层。动物学家将格陵兰鲸归于须鲸亚目，它的近亲是南方鲸，分布在北太平洋和北大西洋一直到南极的海域里。

有趣的是这些体长20多米，体重150多吨的庞然大物竟仅靠滤食小虾和其他浮游生物为生。它们以鲸须为筛，每天吞食1吨左右的食物。从远处识别格林兰鲸是看其“喷泉”的形状和大小。这种鲸喷的水柱高4～6米，降落时状如圆帽。

格陵兰鲸具有重要的经济价值，一头鲸能提供30吨左右的油料，相当于3000头猪或4000只羊所能提供的数量。其次还有近1吨半的鲸须。鲸须极富弹性，适宜做各种用品，如弹簧垫、伞骨、假发套等，古时候它是一种成功替代塑料和金属的万能材料。然而正是它的经济价值使它们的数量急剧减少。目前格陵兰鲸已被列入国际保护自然资源的红皮书。

海象以其庞大的躯体、独特的身体构造和生活方式使每个目睹者惊喜万分。它是高纬地带的大型动物之一，身长可达5米，体重1.5吨。

海象在古代有很多名称，如“奇异的海猪”、“马鲸”以及“极地河马”等，它们是北极最有经济价值的动物之一。每只海象可出一张又大又厚的毛皮以及1吨重的肉和200多千克的脂肪。海象皮是当地人建造房屋和渔船的主要材料，海象的胃肠可以用来制作雨衣外套，甚至连海象的骨头都能派上用场，人们可用此来制造雪橇、船和炊具。当然，海象身上最珍贵的部分是它的象牙。海象牙不仅能用来雕刻成昂贵的工艺品，象牙粉末还是一种珍贵的药材。

还有北极熊。北极熊是世界陆地上最大的食肉动物。雄性北极熊身长大约为240～260厘米，体重一般为400～750千克。而雌性北极熊体形约比雄性小一半左右，身长约190～210厘米，体重约200～300千克。在冬季睡眠时刻到来之前，北极熊积累了大量脂肪，它们的体重可达1000千克。北极熊的视力和听力与人类相当，但它们的嗅觉极为灵敏，是犬类的7倍，它们的奔跑时速可达60千米/小时，是世界百米冠军的1.5倍。北极熊生活在寒冷的北极，它们一般把家安在北冰洋周围的浮冰和岛屿上，基本呈环形分布，一般不会深入到更北端的地方。因为那里的浮冰太厚了，连它们的主要食物海豹也无法破冰而出，没有食物的地方，北极熊自然不会去冒险。

一角鲸是世界上最神秘的动物之一，它们只生活在北极水域，而且速度极快，神出鬼没，被人称为“海洋独角兽”。

一角鲸属于齿鲸类，一般体长4～5米，体重900～1600千克，属于小型鲸类。一角鲸的繁殖率较低，一般3年产一崽，孕期为15个月，哺乳20个月。由于极度寒冷，幼鲸生下来就很强壮。成年一角鲸体长约3.7米，重约900千克。刚出生的幼鲸，其体积相当于母亲的三分之一，在哺乳动物中算是体型硕大的宝宝。

像白鲸和北极露脊鲸一样，一角鲸身体的50%为脂肪，其他鲸类脂肪占身体的比例约为20%～30%。没有人见过一角鲸在水下进食的样子。有人曾研究过一角鲸的胃，发现它们在夏季节食，在冬季疯狂进食。

在中世纪的时候，一角鲸的牙被当成独角兽的角远销欧洲和东亚各国。医生们甚至把角磨成粉当作可治百病的灵药。直到今天，人类对这个物种仍然知之甚少。

南极的“新粮仓”——磷虾

南极磷虾，顾名思义是一种生活在南极洲水域的磷虾。南极磷虾以群集方式生活，有时密度甚至会达到每立方米10 000～30 000只。这种虾以微小的浮游植物作为食物，长成后有6厘米长，有五六年的寿命。它们是南极生态系统的关键物种之一，也是地球上最成功的动物物种，大约共有5亿吨。

南极磷虾在该水域食物链中起着非常重要的作用，是鲸、海豹和企鹅的主要食物之一，也是重要的海洋生物资源。磷虾的生活史很有趣。它们的卵排到水里后，在孵化前会不断下沉，会一直下沉到数百米，甚至2000多米深的深海，并且一边下沉，一边孵化。

南极磷虾的眼柄基部、头部和胸的两侧以及腹部的下面长着一粒粒金黄色并略带红色的球形发光器，当它们受到惊吓时，发光器就能发出像萤火虫那样的磷光来。南极磷虾的生活能力很差，它们往往都是群集在一起，漂浮在海面上，虾群大的时候，可以长达500米，宽几百米，每立方米海水中就有10 ~ 16千克虾。

在白天，密集的磷虾虾群使海面呈现出一片片铁锈的颜色；晚上，虾群又常常会使海面发出一片强烈的磷光。有意思的是，每个虾群都是由一个年龄阶段的虾组成，幼虾和成虾很少混杂在一起，这给捕捞成虾，保护幼虾资源创造了条件。

在整个虾群中，每只虾的头部都朝着同一个方向，聚集不散。甚至有船只从虾群中经过也不会扰乱它们的队形，被冲散的虾群很快又会重新聚集在一起，仍然按照原来的方向游动前进。

磷虾是当前已经发现的物种中含蛋白质最高的生物，而且还富含人体组织所必需的氨基酸和维生素A。每只磷虾所含的蛋白质就可以等同于20克烤肉的营养价值。磷虾的虾皮很薄，肉却很丰富，肉质既细嫩又鲜美，可以同对虾相媲美。磷虾还有重要的药用价值，可以用来治疗动脉硬化、胃溃疡等疾病。因此，磷虾已经成为世界捕鱼业重点捕捞的对象。

南极磷虾在每年11~12月份产卵，每只雌虾能够产一万多个卵，在接近0℃的条件下进行孵化。磷虾的成熟期为两年，生长一年的磷虾可以长到2 ~ 3厘米长，到第二年成熟以后，个头有6厘米长，这时候就可以捕捞了。

成熟后的南极磷虾，雄性的个体比雌性的稍大一些。雄虾在交配以后很快死去，雌虾在产卵后不到半年也会死去。也就是说雄虾的寿命大约为两年，雌虾的寿命大约为两年半。

据专家估算，南极海域的磷虾蕴藏量高达50亿吨。每年的12月份到第二年的5月份，磷虾在南极海域密集产卵繁殖，这是捕捞的最佳时间。近些年来，世界的捕鱼量约为7000万吨，在不影响磷虾繁殖的情况下，人们每年可在南极海域捕捞磷虾15 000万吨，这相当于世界捕鱼总量的两倍多，因此人们把南极海域称为“世界未来的食品库”。

磷虾的医用价值很高。磷虾是甲壳质的来源之一，而甲壳质是甲壳类动物和昆虫甲壳的组成物质。许多生物通过特种酶来降解甲壳质以获取所需要的能量。

人们可以依靠疫苗和化学物质来预防、控制及消除动物疾病。但是对于一些疾病目前还没有发现有效的治疗方法。例如对全世界虾类养殖业造成严重影响的疾病到现在为止都没有明确有效的预防和治疗措施。

但是壳聚糖这样复杂的多醣体可以用于预防疾病。壳聚糖是甲壳质的一种衍生物，磷虾体内就含有这种甲壳质。壳聚糖添加到饲料中或采用注射方式，可以作为鲑鳟鱼类的免疫刺激剂。甲壳质被证实是很多生物增强免疫系统功能的刺激物质。

磷虾还有其他方面的用途。磷虾可作为幼虾和对虾食用的胶囊食品，也可以作为海洋和热带鱼饲料中的特殊作料以及作为增加摄食量的诱食剂等。未来磷虾的应用还会扩展到鱼饵、人用健康补品或食品等领域。

南极磷虾虾干是精选生长在无任何污染的南极冰冷海域的优质珍贵活虾制作而成，是真正的绿色食品。人们在无菌条件下，将刚刚捕捞上来的磷虾在五个小时内，经冷冻、真空干燥，加工成虾干，充分保留了磷虾丰富的营养成分和绝佳美味。南极磷虾虾干属于纯天然物质，没有任何添加剂，鱼类容易吸收。磷虾体内含有的酶促进鱼类的消化，水质可以长时间保持清洁。

另外，南极磷虾油对人的视力恢复及缓解眼睛干涩很有效果。南极磷虾是高蛋白质的食物。据生物学家测定，南极磷虾肉中含蛋白质17.56%、脂肪

2.11%，且含有人体所必需的全部氨基酸，尤其是赖氨酸的含量最为丰富，与虎纹虾和牛肉、金枪鱼相比，南极磷虾的赖氨酸含量最高。

世界卫生组织对下面四种食物：南极磷虾、对虾、牛乳和牛肉的氨基酸综合营养价值进行了比较评分，结果对虾 71 分，牛乳 91 分，牛肉 96 分，磷虾 100 分。据分析，磷虾中含有人体所必需的八种氨基酸，还含有各种微量的金属元素，全虾中灰分含量为 3.37%，虾肉中为 2.36%，比对虾含量高，其中，人体所需的钙、磷、钾、钠都很丰富。

磷虾还是一种天然的类胡萝卜素资源。磷虾体内高于 95% 的色素都以虾青素的形式存在，而虾青素是惟一可以粘着于鲑鱼体表的色素。当饲料中含有磷虾时，鲑鱼的体表颜色可以达到与野生鲑鱼一样的效果。由于磷虾体内的色素已经酯化，所以具有更好的稳定性。

虾青素不仅仅是一种色素，它还具有抗氧化和抗光性作用，而且研究还发现虾青素具有促进鱼虾类生长和提高免疫功能的作用。此外，虾青素还对虾类成活率的提高具有明显作用。由此可以推测，南极磷虾可以增强幼体的成活率。

鉴于此种种，人们保护南极磷虾资源，维护该领域内的生态平衡和实现可持续发展越发显得重要。在冰冷的海水中，南极磷虾生长缓慢，两年左右才能长成 6 厘米长的成虾。最近几年，全球的气候变化对南极磷虾的繁衍和生存产生了巨大影响。在海水温度上升的情况下，南冰洋环绕南极大陆的寒流遇到来自太平洋、大西洋和印度洋的暖流时所产生的上升流可能发生变化，从而影响南极磷虾的繁衍和生存。

另外，人类对南极磷虾的需求逐年增加，越来越多的国家开始扩大对南极磷虾的捕捞。如果南极磷虾捕捞业盲目无序发展，势必会造成南极磷虾资源匮乏，危及南极鲸类、鱼类、企鹅等动物的生存，并给南极脆弱的生态系统带来灾难性的后果。

天然的海洋牧场

什么是海洋牧场呢？海洋牧场是在一个特定的海域里，为了有计划地培育、增殖和管理渔业资源而设置的人工渔场。它有一整套系统化、现代化的渔业设施和管理体制，是个完全遵循自然规律建立起来，完全服从人的意志，能使鱼类资源持续发展的海洋鱼类王国。

1971 年日本在海洋开发审议会上第一次提出“海洋牧场”的构想，1977 ~ 1987 年开始实施“海洋牧场”计划，并建成了世界上第一个海洋牧场——日本黑潮牧场。1998 年韩国开始实施“海洋牧场”计划，在庆尚南道统营市首先建设了核心区面积约 20 平方千米的海洋牧场，取得了初步成功。1968 年美国提出建设“海洋牧场”计划，1972 年付诸实施，1974 年在加利福尼亚海域利用自然苗床培育巨藻，取得了效益。我国的海洋牧场建设还处于起步阶段。

海洋牧场给人类展示了一个光明灿烂的前途，它宣告人类等待大海恩赐食物的时代即将过去，人类对海洋生物资源的开发和利用已经到了一个重大的转折时期。像陆地上从采捕野生动植物为食的时代过渡到种植农作物、开展畜牧业的时代一样，人类也将从捕捞海洋生物资源为主的时代过渡到以养殖为主的“耕海”时代。

被声学诱鱼器和人工鱼礁吸引到牧场里的“居民”，都是一些活动性不强的定居性鱼类，其中大多数都是在当地生活惯了，适应了一个海域的变化条件。虽然有些也进行洄游，但洄游的路线不长，沿途的海况条件变化不大，也能待在牧场里。

可是也有些鱼类，它们要到遥远的地方产卵，幼鱼长大后，又回到原来的地方生活。在这一期间，经历的自然环境悬殊，生理也会起许多变化。这样的鱼儿，让它们总是在一个地方生活就显得非常困难，人工牧场留不住它们。

像肉肥味美的三文鱼就是一种典型的洄游性鱼类。它们生活在北太平洋白令海一带，等发育成熟后，就会游到江河中去产卵，行程足有1万千米。一路上，它们忍饥挨饿，逆流前进，还要战胜巨大的漩涡，跳过汹涌的瀑布，避开天敌的侵扰。到了产卵地点，精疲力尽的母鱼产下鱼卵后随即死去，孵化出来的小鱼沿着父母的路线顺流而下，返回老家。这一过程前后需要经历两年多的时间。

为什么三文鱼知道父母的洄游路线呢，这是由它们的遗传基因决定的。鳗也有着类似的习性，在巴伦支海沿岸的一些河流或湖泊中生活的鳗，成熟以后总要成群结队地游向大海产卵。即使在路上遇到沙洲、水坝挡住去路时，它们也会趁黑夜跃上河岸，在清晨洒满露珠的草地上迅速滑行，绕过障碍，重新跃入水中，继续自己的旅程。到了巴伦支海，行程并未结束，它们还要向北进发，然后再折回西南，向辽阔的大西洋游去，最后，游到大西洋西部的藻海产卵。小鳗出生以后，不习惯海洋里的生活，就会沿着先辈的路线，返回到河流、湖泊之中。

艰苦而漫长的旅途葬送了许多鱼类的生命，尤其是那些出生不久的幼鱼更禁不起环境的突变，它们当中有相当一部分还没等游到目的地就夭折了，这些都严重影响了渔业生产。不同于此，海洋牧场把它们圈养起来，但如果不能满足它们洄游的条件，它们还是不能生存。在长期实验的基础上，人们终于创新了一种人工培育洄游性鱼类的方法——放流养殖。

放流养殖通过人工的方法孵化出幼鱼，再用人工的方法对幼鱼进行培育，等它们长到一定的阶段，把它们放回大海，让它们沿着祖祖辈辈的路线去辽阔的江河湖海进行漫长的洄游。这不但可以增加鱼苗的数量，而且经人工培育出来的鱼苗生命力强，成活率高。这种放流养殖的方式对增加洄游性鱼类的产量是有很大意义的。它使鱼儿洄游的整个水域变成了一个巨大的海洋牧场。

人们对三文鱼的放流养殖取得了显著的成果。早在20世纪50年代初期，日本人就在日本北部建立了许多三文鱼繁殖场，每年放流三文鱼幼鱼近2亿尾，后来逐渐增加，到了21世纪初已增加到几十亿尾。他们还建立了一百多个繁育场进行三文鱼的人工孵化、培育和放流工作。他们致力于人工饲料的研究，对三文鱼进行长期培育，大大增强了放流入海幼鱼的生命力。20世纪50年代初，三文鱼的回归率不到1%，就是说一百条放流的三文鱼中，收回来的连一条都没有，而现在的回归率达到了2.14%，个别地区高达5%。2010年，回归率普遍达到3.5%，成绩显著。经过放流养殖，日本一些地区的三文鱼产量增长了三至五倍。

俄罗斯放流三文鱼也很成功。1985年，他们从远东孵化场放流了20亿尾，到1990年，放流超过30亿尾。进入21世纪，他们采用饲养与自然繁殖相结合的方法，强化三文鱼群体适应能力。近些年，美国每年放流三文鱼约2亿尾，虽然尾数不如日本和俄罗斯，但是由于放流的规格比较大，所以总重量反而比日本、俄罗斯的高。

生活在我国近海的对虾也是一种洄游性强的海洋动物。对虾营养丰富，中外驰名。可惜由于各种原因，对虾资源每况愈下。为了拓展对虾资源，山东省自1983年起开始在乳山湾进行对虾放流实验，并取得了成功。在此基础上，1984年正式进行对虾增殖工作，在山东半岛南岸海域放流3厘米以上大规格对虾苗4亿尾，当年回捕对虾1200吨，回捕率达7%。放流前的十年中，每年对虾的平均产量为2000吨，放流的纯增殖达1000吨，效果非常明显。2011年4月，山东日照也将3000万尾虾苗放流入海，拉开了2011年度渔业资源增殖放流的序幕。

浙江渔民在舟山渔场也放流了近5亿尾对虾苗，使对虾资源衰竭的情况有了改善。2011年，乐清湾投放了虾苗1560万尾，象山港也投放了2000万尾。日本也进行对虾放流，每年大约放流3亿尾，可回捕近千吨。日本对鲍的增殖也以放流为主。根据鲍的生活特点，他们选择适当的放流场：水质澄清，潮流通畅、盐度适合，各处水温不低于2℃，饲料海藻生长繁茂的岩礁海区。放流场选好后，就把3厘米左右的苗种投放到大海里去，让它们自由自在地生活。因为鲍是附在岩石上生活的，不像对虾那样到处流动，所以回捕率很高，达30%。

也许读者会以为放流是件很简单的事情，其实，这远超我们的想象，它需要用人工孵化的方法把幼鱼孵化出来，再用人工的方法对幼鱼进行培育，然后才能放回大海，长大后再进行回捕。这就需要有先进的科学技术手段。后来人们发现不仅可以对洄游鱼类进行放流，对于不洄游的鱼类，甚至甲壳类和贝类，同样可以采取此类方法。人们可以全面地使海洋生物增产，用人工的方法控制海洋生物的生长，这就像在陆地上栽培农作物，使渔业进入到一个新的时代。

海洋药库

海洋不仅能给人类提供宝藏和粮食，还能给人类提供延年益寿、治疗百病的药材，可以说是人类的“大药库”。科学家认为，海水的比热大，白天可以最大限度地吸收热量，夜晚将热量释放出来，像只“空调机”。海水一年四季温度变化不太大，有利于人体新陈代谢稳定，对人体健康有益。

天然的保健食品——深海鱼油

大海不仅创造了一个有益人类健康的环境，而且还为人类提供了医治百病的灵丹妙药。在辽阔的海洋中有丰富多样的药材，是人类的“大药库”。当前癌症、艾滋病、心脑血管疾病已成了人类的三大杀手，威胁着人类的生存，而陆地上的化学合成药物在抗癌、抗艾滋病、抗心脑血管病方面效果不理想。为此人类必须寻找新药，开拓新药途径。出路在哪里？在海洋。

海洋是一个蕴藏着诸多药物的宝库，现代科学的发展使人类从海洋中获取新药成为可能。近些年来，海洋新药已形成了一个年轻的学科门类。海洋药物资源和高科技结合，将成为新世纪的新产业，有着无限的发展前景。

这里我们先讲一个故事。据说19世纪德国首相俾斯麦在不到六十岁的时候患上了多种疾病，在死神面前苦苦挣扎。犹太医师施文林格给他献上了一个秘方，要他每天吃沙丁鱼。两年之后，他的身体就完全康复了，从此精神焕发，一直活到八十五岁。不饱和脂肪酸来自他痊愈的秘方，而不饱和脂肪酸就是来自鱼油，那么它的奥秘又有哪些呢？

深海鱼油是指从深海鱼类动物体中提炼出来的不饱和脂肪成分，分别为EPA和DHA。沿海居民中以食用海洋生物为主，他们每天从饮食中获得的EPA和DHA比内陆居民高。由于人体不具备合成不饱和脂肪酸的条件，只能由食物供给，因此不饱和脂肪酸也被称为必需脂肪酸。

深海鱼油可以改善血液中脂肪的状态。美国科学家把含有不饱和脂肪酸的鲑鱼作为主要食物，提供给被试者连续食用十天，结果健康人的血液中胆固醇含量下降17%，甘油三酯降低40%，而高血脂的人胆固醇降低20%，甘油三酯猛降67%，说明不饱和脂肪酸具有明显的降血脂作用，而它降甘油三酯的作用远比降胆固醇的作用强。

医学研究发现，血液中脂肪浓度过高是形成动脉粥样硬化的根源，而血液内运输脂肪的脂蛋白胆固醇对其起着决定性的作用。脂蛋白胆固醇分为高密度脂蛋白胆固醇与低密度脂蛋白胆固醇，脂蛋白的密度越低则颗粒越大。低密度脂蛋白胆固醇容易与血管内的其他成分结合，附着沉积在血管内壁，因此被称为“坏脂蛋白”，而高密度脂蛋白胆固醇则可以降低血液中的胆固醇，被誉为“好脂蛋白”。鱼油中的不饱和脂肪酸则能够抑制“坏脂蛋白”的作用，减少其在血管内壁上的附着沉积，而且能协助高密度脂蛋白胆固醇清除血管壁上多余的脂肪，因此鱼油也被称为血管内的“清道夫”。

深海鱼油中的另一种特殊的不饱和脂肪酸是大脑细胞形成、发育及运作不可缺少的物质基础。科学家发现，在脑部的神经元突起细胞中含有大量的不饱和脂肪酸成分，它使得脑部的神经传导物质能比较容易地传达正确的讯息。因此不饱和脂肪酸所起的作用是促进、协调神经回路传导，以维持脑部细胞的正常运作，从而增强集中力、记忆力、注意力。

深海鱼油还可以保护心血管，保障血流畅通。深海鱼油中的不饱和脂肪酸是有益于血液循环的保护因子。它可以协助清除附着于血管壁上的胆固醇与硬化斑，降低血液中的胆固醇水平，有助于保持血液畅通流动，抑制不正常血液凝集，预防血栓产生，阻止中风或心肌梗死的发生。

另外，深海鱼油中的不饱和脂肪酸与情绪平衡有密切的关系。当血液中不饱和脂肪酸的浓度偏低时，发生忧郁症的概率会明显提高。大量临床实验证明，与不爱吃鱼的人相比，爱吃鱼者面对困难与压力时表现得更为乐观积极，这是因为鱼中含有的不饱和脂肪酸有改善情绪的作用。

怎样鉴别不同的鱼油？一般来说，纯正的鱼油挤出来后具有特有的香味，没有刺激性气味，颜色为淡黄色，外观的色泽度好，颜色金黄透明，胶囊外表均匀，70℃～80℃的温开水就能溶解胶囊皮。

深海鱼油有没有副作用？一般情况下，在每天服用不超过3克的情况下，它对大多数人来说都是安全的，不会出现任何深海鱼油的副作用。但是如果服用深海鱼油剂量过高，会导致血液不易凝结，增加出血的风险。可能会出现的深海鱼油的副作用有：胃灼热、恶心、嗳气、口臭、稀便、皮疹和流鼻血等。随餐服用深海鱼油补充剂往往可以减少这些副作用。一些鱼类，特别是养殖鲑鱼、鲨鱼、鲭鱼可能会受到汞和其他化学品的污染，因此，选择鱼油产品时，一定要选择纯度高、来自深海无污染鱼类的鱼油加工产品。

比金子还贵的药材

世界上所有的海蛇都有毒，它们的毒腺分泌的是神经性的毒汁，这就是蛇毒。海蛇毒的毒性很强，比氰化钠的毒性还要强十倍，正因为如此，蛇毒的价格昂贵，每克海蛇毒的干粉零售价高达8000美元。这个价格的确比黄金贵多了。

海蛇也称“青环海蛇”，它的躯干略呈圆筒形，身体细长，后端及尾侧扁平，背部深灰色，腹部黄色或橄榄色，全身有数十个黑色环带。中国沿海有二十三种海蛇，其中广东、福建沿海海蛇资源丰富，以北部湾最多，每年可达5万多千克。福建平潭、惠安、东山等各沿海地区每年捕获量可达1万多千克。海蛇在海中能驾驭波涛，能潜游水下，能捕捉鱼虾，能生儿育女。

在中生代晚期，一部分两栖类动物终于彻底告别水乡，完完全全定居在陆上，进化为爬行动物——蛇。可是，还有一部分蛇依然生活在水中，变成我们今天所说的海蛇。在蛇类演化的早期阶段，地球上还曾出现过体型巨大的海蛇，这些大海蛇在历史中只存在了很短的时间就灭绝了，现在只留下为数不多的化石，作为它们旧日曾活在这个地球上的见证。

现存约五十种海蛇，这些海蛇和眼镜蛇有非常紧密的亲缘关系。世界上大多数海蛇都聚集在大洋洲北部至南亚各半岛之间的水域内。这些海蛇之所以能在海中大量存活下来，一是因为它们都有像船桨一样的扁平尾巴，非常善于游泳；二是因为海蛇都有毒牙，能杀死捕获物或威慑敌人。

海蛇对食物是有选择的，大部分海蛇的摄食习性与它们的体型有关。有的海蛇以鱼卵为食，这类海蛇的牙齿又小又少，毒牙和毒腺也不大；有的海蛇身体粗大，脖子却又细又长，头也小得出奇，这样的海蛇几乎全是以鳗额为食；还有些海蛇很喜欢捕食身上长有毒刺的鱼，在菲律宾的北萨扬海就有一种专门以鳗尾鲶为食的海蛇，鳗尾鲶身上的毒刺非常厉害，甚至能将人刺成重伤，可是海蛇不在乎这个。除了鱼类以外，海蛇也常袭击较大的生物。

在海蛇的繁殖季节，它们常常聚集在一起，形成绵延几千米甚至几十千米的长蛇阵，这就是海蛇在生殖期出现的大规模聚会现象。有的港口有时会因为海蛇群的大量聚集而整个沸腾起来。完全水栖的海蛇繁殖方式为卵胎生，每次能产下三四尾二三十厘米长的小海蛇。那些能上岸的海蛇依然保持卵生，它们在海滨沙滩上产卵，任其自然孵化。

海鹰和其他肉食海鸟是海蛇的天敌，它们一看见在海面上游动的海蛇，就会迅速从空中俯冲下来，衔起一条就飞走，尽管海蛇在海水中凶狠异常，可是它一旦离开了水就没有进攻能力，甚至会完全丧失自卫能力。另外，有些鲨鱼也以海蛇为食。

海蛇的毒液属于最强的动物毒素。其中钩嘴海蛇的毒液相当于眼镜蛇毒液毒性的两倍，是氰化钠毒性的八十倍。海蛇毒液的成分是类似眼镜蛇毒的神经毒，然而奇怪的是，海蛇的毒液对人体损害的部位主要是随意肌，而不是神经系统。

海蛇咬人后，人们通常没有疼痛感，因为这种毒素的毒性发作有一段潜伏期，被海蛇咬伤后三十分钟甚至三小时内都没有明显的中毒症状，然而这十分危险，容易使人麻痹大意。实际上海蛇毒被人体吸收的速度很快，中毒后人们最先感到的是肌肉酸痛、无力，眼睑下垂，颌部强直，有点像破伤风的症状，同时心脏和肾脏也会受到严重损伤，被咬伤的人可能在几小时内死亡。但多数海蛇伤人都是在受到骚扰时不得不为之，所以人们对其还是避而远之吧。

最近几年我国对海蛇毒素的研究有了新的突破，中山大学等建立了多个海蛇毒腺库，还克隆了几十个海蛇新基因序列。他们甚至还重组海蛇毒素，这种重组后的海蛇毒素有明显抑瘤活性，有望开发成新的抗肿瘤药物。科学家们研究发现，重组后的平颏海蛇神经毒素对小鼠化学致痛有镇痛作用，镇痛效果甚至高于盐酸哌替啶，可以开发成新型镇痛药。

海蛇毒液经过纯化加工后可以作为药物用于临床治疗许多疾病。海蛇毒液具有多种多样的毒理和药理效应，如止血、抗血栓、镇痛、抗肿瘤等。目前海蛇毒素的开发利用相对来说比较滞后，原因之一是海蛇毒素的排毒量相对较低，专家难以采集到足够应用的毒液量。国内外对海蛇毒素的研究报告比陆地蛇毒素少得多，而且研究多集中于毒液有效组分的分离、纯化、鉴定以及生理、药理研究，如平颏海蛇毒组分的分离、纯化及毒理研究，青环海蛇毒对神经、心血管的生理作用等。

海蛇毒的另一个医学应用是研制适用于海蛇咬伤的特效药——精制抗海蛇毒血清，全世界仅有几个国家生产抗海蛇毒血清，而且还没有国际标准抗海蛇毒血清。

中国广西医科大学与日本蛇学研究所曾在1993年试制成功抗青环海蛇毒

血清，由于同一海域的海蛇具有共同的蛇毒抗原，抗青环海蛇毒血清在免疫学上有一定的蛇种覆盖面。临床试用表明该血清对南中国海较常见的平颏海蛇、青环海蛇和黑头海蛇咬伤患者的呼吸麻痹有显著的疗效，对肌肉毒素引发的急性肾衰竭和组织损伤也有一定的作用。由于海蛇海域分布和地区性游弋特性，选择某一海域优势蛇种生产精制抗复合海蛇毒血清是消除该海域多种海蛇威胁最关键的措施。

关于海蛇毒素的相关基因工程也在同步开展。基因工程技术也开始用于生产具有多种医学用途的海蛇毒素杂合体，例如具有强大佐剂特性的海蛇毒素杂合蛋白以及海蛇毒素与显色酶组成的用于免疫诊断的融合蛋白。

海洋生物为人类提供血浆

医院里，医生在为病人开刀手术时，经常会使用一种海洋生物制的血浆，这种橙黄色的透明液体，就是从海洋棘皮动物“罗氏海盘车”身上提取的代血浆溶液。在进行外科手术，治疗大出血、烫伤、烧伤及其他外伤引起的休克等症时，静脉注射“海盘车”代血浆能够维持血压或增加血液循环的血容量，起到输入人血浆的作用。

“海盘车”就是海星，海洋中约有两千个品种，大多生活在潮间带和近岸平静的海域。除海星能取代血浆外，褐藻也可以提取代血浆。褐藻加入热碱水之后，就能够提取褐藻胶，再经过一系列工序，可制成代血浆。我国已经生产出了这种代血浆，并在抢救伤员时多次使用过这种代血浆。

经临床试用表明，褐藻代血浆的优点是：不在体内积蓄，不影响内脏器官，对循环系统有很好的充实作用，能加快体内毒素排出。这种代血浆升压效果明显，能防止血液浓缩并能加快组织胺的排出。

褐藻胶代血浆只含有千分之四的褐藻胶，另外还要加葡萄糖、氯化钠及其他缓冲剂。国外有些药厂生产这种血浆时还特别加入氨基酸，以增加营养。

当今世界，艾滋病传播的途径之一是人的血浆，西方国家对人的血浆持越来越谨慎的态度。在这种情况下，从海洋动物身上提取代血浆更让人们感到安全可靠。

利用珊瑚制成的人造骨

人们在遇到一些意外时会导致骨折甚至骨缺失，这在很大程度上会影响病人的日常生活。在人们没有找到合适的替代物质之前，脊柱外科的大夫通常都会从患者自己的骨头上取一部分来替代缺失的骨头。

其实，人们最近的研究发现，海洋里的珊瑚也可以用来替代患者缺损的骨头，而且效果相当不错。这种珊瑚人工骨是天然珊瑚通过一定的反应改变而来的物质。人体的骨骼和牙齿中就含有这种叫透明质酸的物质。

透明质酸是一种天然多糖类物质，可作为眼球水晶体、关节润滑液等物质的构成成分，它广泛地存在于动物身体的各个部位，而珊瑚也含有这种物质。除此之外，珊瑚还有与骨头极为相似的结构——石灰质，其主要化学成分是碳酸钙，这种元素与人体骨骼成分相近。

20世纪70年代，法国物理学家帕塔特博士发现珊瑚与骨骼有许多相似之处，于是，珊瑚首次被作为骨骼的替代物质被植入人体内，这种物质很快就被吸收转化为骨骼。

现在人们每年要在海洋中采集2吨左右的珊瑚以供海洋生物学家从中挑选出最合适的部分，经过化学分析、杀菌、消毒、碾磨、锉平等一系列工序后，珊瑚被切割成患者所需要的大小。有的外科医生还利用珊瑚制成连接骨骼的黏胶。据报道，有一位患者的外胫骨在一次车祸中粉碎性骨折，医生将其骨折部位固定好，然后把打磨好的珊瑚插入骨折的地方。十五个月后，这位患者骨折的部位全部愈合，珊瑚填充物全部转化成了人体的骨骼。

目前，全世界已经有十万名患者接受了珊瑚的移植治疗，至今还没有任何一例出现排斥反应。现在，珊瑚取代了合成材料，在整形手术和神经治疗中的用途越来越广泛。珊瑚代替人骨的方法已经广泛应用于骨外科、牙科领域及整形外科。在脊柱外科手术中，它可以替代患者受损而缺失的骨头，还可以根据病人的需要制作成任意大小、形状，非常方便。

目前，世界上已经有多个国家在进行珊瑚骨骼应用方面的研究，使珊瑚骨能用于骨科、矫形外科、颅骨颌骨科、美容科、口腔科等医学领域。其中法国在这方面取得了非常显著的科研成果和经济效益。法国科学家们从新喀里多尼亚进口了一种名为“鲨鱼脑”的石珊瑚，通过这种原料制成一种能够被人体吸收的接骨材料，这种材料可促使新骨骼再生，避免第二次手术。

美国在这方面也处于领先地位，他们采用普通珊瑚骨代替人骨。珊瑚骨衔接处横截面呈多孔状，可使人骨的新生血管和骨髓深入珊瑚的细孔中再与另一端的人骨连接，于是一根再造骨便成型了。

另外，英国医生曾为一位五岁的小女孩成功植入了一个珊瑚骨制成的假眼球。这是医学上利用珊瑚骨做替代材料医治创伤的一个创举。这个女孩的左眼球是被别的孩子用碎瓷片击伤后摘除的。医生认为，利用多孔珊瑚骨制作成假眼，一方面外表美观，另一方面可使患者眼窝中残余的小血管在珊瑚缝隙内继续生长，可以防止眼窝萎缩，从而为以后植入捐献的眼球提供条件。

这位小女孩在植入珊瑚左眼后，可与真眼同时运动，外观上与真眼几乎一模一样。

海洋新型抗菌药物

在人们生活的环境中，有肉眼看不到的各式各样的细菌和病毒，它们几乎无孔不入，称得上是人类健康的“隐形杀手”。

伴随着人们对海洋生物的研究，人们发现在海洋中有许多这种“隐形杀手”的克星，可以从这些海洋生物身上提取新型抗菌药物。号称“海底花园”的五光十色的珊瑚不仅是可供观赏的天然艺术品，而且是很有价值的药材。中药中有一味药叫“鹅管石”，就是珊瑚石。它常用来治疗肺结核。中国南海渔民很早就把盔型珊瑚磨成粉末冲服，用来治痢疾。有人还从柳珊瑚和鹿角珊瑚中分离出具有抗菌、抗酵母作用的药材。

鲍鱼是八大海鲜之一，它那耳朵形的外壳和肉都可入药。鲍鱼汁可提高对脊髓炎的抵抗力。鲍鱼肉中还能提取一种黏蛋白，有抑制链球菌、葡萄球菌、疱疹病毒、脊髓炎病毒等作用。这种黏蛋白后来在蛤类、牡蛎中也可以提取出来。

另外还有一种名叫“瓦楞子”的药，它实际上是一种蚶类贝壳。它的壳表面凹凸不平，像房顶的瓦垄一样，所以叫“瓦楞子”。从这种贝壳中可提取抗菌药，这种抗菌药对葡萄球菌和大肠杆菌有较强的抑制作用，是一种新型抗菌药。

许多鱼的器官也是药的原料。如鲛鱇鱼胆中就有六种抵抗病菌的药物成分；治疗急、慢性肝炎的磷脂就是从鱼的脑、脊髓、卵巢中提取的；南极企鹅肠内没有细菌，这主要是其吃磷虾和蓝藻的缘故，科学家在这种藻类中发现了具有杀菌功效的丙烯酸。

人们都知道螃蟹味美，却很少知道它有再生的功能。科研人员发现，螃蟹体内含有一种再生的物质。当螃蟹断了“手脚”时，这种物质可以在很短时间内大量增生，用不了几天，骨折处会迅速愈合。20 世纪 80 年代初，美国科学家终于从螃蟹身上提取出这种再生物质，在用于低等生物的再植实验时，被实验生物机体局部和断肢部位都出现了再生的奇迹。由此科学家们设想，在不远的将来，这种神奇的物质在哺乳动物，包括人的断肢再植方面肯定会大显身手，到那时，残缺的臂部重新长出新的手臂绝非空想。

另外，还有很多海洋生物有不少神奇的医学效能。科学家们在漂亮的珊瑚中还发现了一种高等哺乳动物才有的激素——前列腺素。医疗专家用它来治疗溃疡病、老年性动脉硬化、高血压等，它还可以用于妇女中期妊娠的人工流产。外国已利用它制成一种“事后避孕药”，有效率达 100%。据说，珊瑚树顶部 20 ~ 25 厘米这一段中含有这种前列腺素最多，截取后珊瑚还会重新长出来。

海绵是一种低等的海洋生物，科学家们发现海绵中有“埃克青奥尼”毒素，能有效地抑制连青霉素也无可奈何的过滤性病毒，还能治疗结核病和某些血液病。澳大利亚科学家还发现海绵中有多种前所未有的核苷，是治疗癌症的良药。

在大海中，这种“灵丹妙药”还有很多。1982 年，美国海洋部门在百慕大三角海区发现了一处没有细菌的海面。原来这片海域生长着一种具有强烈杀菌作用的黄色马尾藻，它们本身有极丰富的抗生物质。因此，美国海军有关部门宣称这是海战伤员的天然疗养胜地。

海洋中的生物为了生存繁衍，为了在残酷的竞争中取胜，各自形成了特殊的结构和奇妙的生理功能，它们体内生成了多种化合物，这种多样性、特殊性给新药的开发提供了一片广阔的新天地。在印度东部奥里萨邦孟加拉湾的海岸，科学家发现了大量可以食用的蟹类，能用来治疗艾滋病。这是因为在这些蟹的血清中有一种被称为“11”的物质具有抗体，有利于提高人们对艾滋病的免疫能力。目前科研人员正利用蟹中提取的血清来研究治疗艾滋病和性病的药物。

人们还发现，在墨西哥湾海岸搜集的45种海藻中，经提取有5种成分可抑制肺炎病毒等。在波多黎各水域获取的150种海藻中，有66种含有抗菌物质，可抑制金黄色葡萄球菌和大肠杆菌等。

海洋营养药

目前市场上出现了许多海洋生物制成的营养药，这些营养药也被越来越多的人所接受，在许多地区和城市成了走俏的滋补品。我国以吃补品著名的广东人，开始从吃飞禽走兽转向吃海洋滋补品。这些营养品多是以珍贵的海洋生物为主要原料，采用现代科学方法精制而成的纯天然药品，常见的有片剂和口服液两种。这些滋补品已引来大量食客，他们不再追求以色、香、味为主了，而是以滋补功效为主了。

海洋保健食品的开发近年来十分活跃，仅海藻类食品就有几十种，如“海带饴”、“海带酱”、“昆布茶”、“小球藻昆布茶”，以及用海藻研制的 HL—I 型降脂食品添加剂等。而饮料有“海马酒”、“海蛇酒”、“海米浸酒”等。

海上交通线

人类居住的陆地一直被蓝色海洋所包围。过去，在科技不发达的社会，海洋阻隔了各大陆之间人们的往来。现在科学发展了，海洋被利用，空间被利用，为船舶航运、海底电缆铺设、海底隧道开挖、海峡大桥架设提供了方便。海洋为沟通世界、缩短距离提供了便利条件。开发和利用海洋这种空间资源不但增进了各国的了解，而且创造了更多商机、财富，为人类造福。

连接各洲的纽带

几千年前，人们就懂得“兴舟楫之便”，坐船出海，通过海洋与异国交往。这种交往沟通了远隔重洋的各国的科学、文化、技术，促进了人类社会的发展。

海上运输业之所以得到了蓬勃发展，优于其他交通工具，是因为海上交通运输业除了具备一般运输业的共性外，还有其他运输业无法比拟的优越性。

第一，海洋水体空间大，海洋运输的距离长、范围广。许多地区是被大洋隔开的，要发展各地区之间的经济贸易合作，船舶可以承担起大宗货物跨洋过海的运输任务。

第二，海洋运输量大、成本低廉，而且耗能少。海洋运输不需要铺路架桥、开山凿路等花去大笔投资，因此成本很低。如一艘载重为25万吨的运煤船，其载重量相当于十三列火车。与汽车相比，悬殊就更大了。一艘大型船舶所载货物相当于近万辆汽车的运载量。此外，沿海货轮与铁路机车相比，每完成千吨千米周转量所耗柴油，轮船为4.53千克，铁路机车为5.61千克。与飞机、汽车相比，能耗量就更少了。因此海运成本要比其他交通工具低很多。

第三，海洋运输的劳动生产率一般要高于陆路运输的劳动生产率。有人统计过，在通常情况下，近海运输劳动生产率是铁路运输的五倍，远洋运输的劳动生产率则更高，一般是铁路运输的十倍以上。海洋运输业不仅在本世纪，就是在下个世纪也会有重大发展，特别是当人类开发利用海洋的领域不断拓宽，未来的许多经济开发活动都是在海上进行时，海运业将更加发达。

我国是最早利用海陆运输的国家。据史料记载，早在汉代，我国的木船就已到达印度洋西海岸。到了明代，郑和七下西洋成了世界航海史上的伟大创举，要比哥伦布发现美洲大陆早七十年。当时最大远航船队人员近三万人，大小船只六十余艘，而且造船业也达到顶峰。

当时，郑和的宝船有九根桅杆，长 44 丈，宽 18 丈，任凭风再大、波浪再汹涌，乘坐此船漂洋过海都稳如平地。除此之外，郑和的船队还有八桅马船、七桅粮船、六桅坐船。最小的是战船，五道桅杆，灵活轻巧。此外还有专门装水的船。郑和宝船的铁锚连皇帝见了都目瞪口呆，那锚有 7 丈 3 尺长的杆、3 丈 5 尺宽的爪、8 尺 5 寸高的环，用一根小桶粗的棕缆吊在船头，没有百人的力气休想挪动它。这只锚三百个工匠昼夜赶制了一百天才打造出来。所有这一切都证明当时我国的海上运输能力是相当先进的。

到 15 ~ 16 世纪，随着资本主义的兴起和发展，世界航海运输业由近海转入大洋。19 世纪末，人类开挖了苏伊士运河，一下子打通了地中海和红海的阻隔，使大西洋到印度洋的航程比绕道好望角缩短了 5000 ~ 10 000 千米。到了 20 世纪初，人类又开通了巴拿马运河，使太平洋和大西洋之间的航程缩短了 10 000 千米。

第二次世界大战之后，海上运输也得到空前发展，大洋与大洋之间的距离更近，国与国关系更紧密。加上造船业蓬勃发展，无论船的数量还是海运的吨位量都达到空前的程度。据统计，海上运输量占全球货运量的 60% 以上。全世界共有近万个海港，其中贸易港有两千多个，年吞吐量过亿吨的超过十个。

随着海运业的迅速发展，海运船舶日益大型化。1973 年，日本首先建造了载重量为 48 万吨的大油轮。1980 年改装成的巨型油轮“海上巨人”号载重量为 56.3 万吨。今天巨型油轮的载重量已达 70 万吨，超过 40 万吨级的巨轮全世界有近一百艘。据不完全统计，海洋运输量每年早已超过 60 亿吨。

我国的远洋和近海海运船队规模也相当大，在世界上排前几名。近些年，对外贸易中九成的货物都是通过海路运输的，挂着五星红旗的商船遍布于世界各大港口。我国的造船业也相当发达，船舶设计、建造能力和建造船舶的数量都排在世界前列。我国已经能自己设计建造5万吨级的散装轮、集装箱轮。后来又突破了20万吨油轮建造的八大难题，赶上了日本、韩国的先进水平。大连造船厂为伊朗建造了几艘20万吨油轮，第一艘已于2011年11月份下水交付使用。同时我国还能建造专业性、特殊性要求很高的船舶，如各种科学考察船、勘探和采油平台、修理船等。造出的船有一半销往德国、美国等发达国家。

海洋为人类提供了交通上的方便，缩短了地球各洲之间的距离，为人们送来了滚滚财富。

四通八达的电缆通信网

海洋帮助大陆缩短了距离，使人们之间的交往更加密切，这还表现在海底铺设了数百条海底电报、电话电缆，像神经一样，四通八达，通往世界各地。在远隔重洋的陆地之间，过去人们只能靠船的远航来传达信息，如今人们互通信息除了采用无线电话和通信卫星之外，还可以利用大海提供的方便——海底电缆通信，从而形成了有线、无线，天上、水下的现代通信体系。近年来海底光缆的出现更加拉近了世界的距离，它具有频带宽、损耗低、重量轻、直径小、不受干扰等优点，要比其他海底电缆同时开通的电话线路速度高一千倍以上，是世界通信史上最辉煌的篇章。

一切事物都是由初级到高级发展的。海底电缆的诞生和发展至今已有一百多年的历史，它也遇到了许许多多的困难。起初铺设电缆，几乎所有的失败都是由于电缆的强度不够而造成电缆断裂。那时使用的电缆，芯线是由七根细铜线拧成的，外面用三层树胶绝缘，再缠上大麻纤维，覆一层由十几根钢丝卷成的螺旋形钢甲。一条外直径16毫米的电缆，每千米重620千克。当海底深度达到3000米以上时，电缆自重就有2吨，加上外力的作用，电缆很容易断裂。

为了增加电缆的强度，科技人员不得不使用更粗、更多的钢丝。钢的抗拉强度为铜的五至八倍，为电缆提供了相当大的强度储备。但在深海中，钢甲的作用仅仅是为了使电缆放入海底。一旦电缆放入海底，它的作用几乎就消失了。而为了裹上这层钢甲，工艺就变得复杂多了，这给电缆制造带来了许多麻烦。

人们经过了十几年的尝试，经历过无数次的失败和挫折，第一条大西洋海底电报电缆终于在1866年7月27日正式铺设成功了。从这时候开始，一条条跨越大洋的海底电报电缆线路把世界各大洲连在了一起，地球好像一下子变小了。过去需要花费数月的时间才能传递的信息，电缆电报从海底几分钟就能传递过去了。

电话与电报有很大的不同。电报只要一根线就可以，一头发送，一头接收，而电话需要两根线，一根线用于说，另一根线用于听对方说话。另外，电话信号频带宽，在远距离传递时高低频的传递速度和衰减程度不一样，会出现失真的现象。因此，电话的远距离通信是在电报问世四十年后，即三极管放大电流这一难题解决以后才得以实现的。

电话通信线路每隔60～80千米必须设有一个电子放大中继站。这在陆地上很简单，而在海底则变得十分困难。海底不仅压力大，而且海水的腐蚀性很强，因此需要一种能在海底工作数十年的海底电子放大中继站。

第一条海底电话电缆是在1891年建成的，这条海底电话电缆是在英法之间铺设的。到了1943年，大不列颠邮政局研究出了浅水双向放大器。1950年美国又研制出深水双向放大器。之后，在1953年11月，大不列颠邮政局、加拿大海洋电讯公司、美国电报电话公司联合铺设了第一条穿越大西洋的电话电缆。在这条线路上，共使用了一百多个深水放大器。当时大西洋上已有二十几余条电报电缆，人们在铺设电缆时，尽量避开电报电缆，以避免相互干扰。

到1983年，全世界共有106条国际海底电缆，总长度约为23万千米。最长的电缆线路为约15 247千米的太平洋电缆，电缆线路从加拿大温哥华到美国夏威夷、斐济的苏互、新西兰的奥克兰、澳大利亚的悉尼。

横穿太平洋的第二条比较长的海底电缆长约11 634千米，电缆线路从日本二宫开始，到美国关岛、威客岛、中途岛、马卡哈岛等。横穿大西洋的有14条海底电缆，总长度约96 826千米，其中最长的电话电缆全长约6665千米。

海底电缆也给中国人带来了福音，1976年10月，一条长达850千米的中日海底通信电缆分别在中国上海的南汇县和日本熊本县的苓北町正式开通使用，为中日两国政治、经济、文化、科技的正常交流发挥了重要作用，海峡不再成为两国人民来往通信的障碍。

海洋为人类通信提供了广阔空间，人类的高新技术日益发展又使海底空间资源发挥了更大的作用。光缆通信的出现为海底通信带来了辉煌的变革，使通信效率一下子提高了上千倍。海底光缆与海底电缆相比，成本、维护费用低。长距离海底光缆使用数字再生中继站技术，可传输数字、图像等信息，从而满足人们日益增长的数字传输和交换的需要。光纤传递信号具有品质好、可靠性强、抗电磁干扰、耐海水腐蚀等优点。

从1976年开始，西方许多工业先进国家着手研制海底光缆。到1980年，英国首先在苏格兰西部100米深的海底正式铺设9.5千米的海底光缆实验系统，其传播速度为280兆比特/秒，光波长1.3微米；日本于1980年11月在伊豆半岛的稻取—河津之间进行了10.2千米的无中继系统实验，1981年至1982

年在相模湾 1700 米深海底铺设了 1.3 千米的海底光缆，其传播速度为 400 兆比特 / 秒；美国也于 1981 年至 1982 年在百慕大外海 5500 米深的海底铺设了一条 18 千米长的光缆，其传播速度是 274 兆比特 / 秒。

经过短短四五年的试验就开始大规模的铺设，光纤技术的发展速度是令人吃惊的。那么第一条穿越大洋的光缆是从什么时候开始的呢？ 1988 年，第一条横跨大西洋，连接北美洲和欧洲的海底光缆开始铺设，这条光纤电缆由美国电话电报局和北美洲及欧洲等 26 个电信局共同铺设，每秒钟可传递 5 千万个信息，可同时有 4 万部电话对讲，比当时全世界所有铜质电缆电话量的总和还要高出一倍。之后不久，另一条横越太平洋的海底光纤也铺设成功，全长 13 363 千米，把日本与美国连接起来。1989 年，大西洋专用海底光缆也投入使用。这条电缆可允许 8.5 万部电话同时对讲。美国和俄罗斯也计划铺设一条横跨西伯利亚的光缆，这样，全球光纤通信网络已基本形成。

海底光缆在中国也得到迅速发展。1993 年中日海底光缆系统建成，可开通 7560 条电话线路。1997 年上海南汇建成连接全球 20 个国家，容量为 12 万条的电话线路。现在我国开始建设中美、亚欧两条海底光缆，总通信将增到 132 万条线路。

这些四通八达的海底光缆，功效胜过以前一百多年来海底电缆的数倍，这不能不说是通信史上光辉的一页，使海洋为人类传递信息的功效迈向了一个新阶段。试想，这些电缆要在陆地上铺设，要损坏多少土地？要费多少土地？陆地国界会出现多少是是非非问题？而在公用的洋底，这些麻烦都省去了，传递信息从此可畅通无阻，这是各国人民的福音。

本来深处海底的电缆应该安全性很高，但实际上自海底电缆铺设以来，自然的和人为的原因给电缆带来了不少麻烦和破坏。

1932 年 4 月，位于巴拿马湾巴尔博亚附近的一段电缆发生故障。所发电报常常信号断断续续，有时干脆就中断了。“亚美利亚”号修理船前去修理，人们费了好大劲才把电缆从1000米深处打捞上来，谁知却发现一头14米长的巨型抹香鲸被缠在海底电缆上，是它的挣扎、折腾拉坏了海底电缆。这头鲸成了事故的责任者。

在铺设横跨英吉利海峡的电报电缆时也发生过一次事故。电缆刚接上岸几个小时，第一份电报刚刚发完，第二份刚发了几个字，突然就中断了。人们派船去检查，发现一位法国渔民小船上的铁锚钩住了电缆。开始这位渔民以为遇上了新奇的“大海带”，拿出斧子拼命地把它砍断，还弄了一段，后来发现中间是铜丝，并不是什么海带。虽然不是故意，可是事情已经发生了，于是一场官司就开始了，电报公司说渔民破坏了电缆，要其赔偿损失，而渔民说这里世代是渔场，他不知道有海底电缆。这个官司最后不了了之。

地震也常常造成对海底电缆的破坏。1988年，澳大利亚的一次大地震使海底三条电缆同时断裂。1929年11月，北大西洋的一次强烈地震破坏了连接欧美大陆的大多数电缆。那么为什么海底地震会导致对电缆的破坏呢？海底火山和地震爆发时，往往会瞬间产生海水的高速流，每小时可达90千米，并搅拌着海底泥沙形成“浊流”，产生对电缆强大的冲击力，造成严重破坏。

战争也往往给海底电缆带来灾难。1914年11月9日，德国巡洋舰“埃姆登”号驶抵科科斯群岛，摧毁了经这里通往南非、印度尼西亚和澳大利亚的海底电缆线路。第二次世界大战期间，日本人又重复了这种破坏行动，从海上派飞机对建在这一小岛上的中继站进行了轰炸。战争中还有许多海底电缆是被敌对国的潜艇破坏的。

但这些事故总是偶然的、少数的，而电缆带给人类的方便是永久的，它成了地球上的神经。

海底隧道

海峡像一道天堑将大陆与大陆、大陆与海岛、海岛与海岛隔开，这给人们的生活、旅行带来许多不便。于是，人们设计建造接通海峡两岸的海底隧道。海底隧道不占地，不妨碍航行，不影响生态环境，是一种非常安全的全天候的海峡通道。目前，全世界已建成和计划建设的海底隧道有几十条，主要分布在西欧、美国、日本、中国香港九龙等国家和地区。从工程的规模和现代化程度上来看，当今世界最有代表性的跨海隧道工程有英吉利海峡隧道，日本青函隧道和对马海峡隧道，中国厦门翔安隧道、海沧海底隧道和青岛海底隧道。

英吉利海峡隧道。大家都知道，在欧洲只有英国与欧洲大陆分开，孤零零地在大西洋上。不过因为有了英吉利海峡，英国人曾两次免遭拿破仑和希特勒的蹂躏。

早在1802年，拿破仑和英国政治家查尔斯就曾探讨过建造这条海底隧道。他们设想了用油灯照明，由通风塔通风的方案，后来由于战争的爆发，这项工程被束之高阁。到了19世纪80年代初，英国和法国的几家公司又提出要兴建英吉利海峡隧道。当英国挖好了一段1829米的导挖隧道时，一家大报突然大肆渲染这条隧道对英国的安全会构成严重威胁。英国政府一听，立即取消了此次计划。

1987年12月，在欧洲共同体的努力下，英法两国正式启动了这个项目。英国在福克斯通开钻，法国在桑加特开钻。大隧道共有三条通道：服务隧道位于中间，其直径为4.8米；两侧是行车通道，直径为7.6米，长度为50千米。当英方在海底钻了22.2千米，法方钻了15.6千米后，两头相距100米，这时英方先在海底钻了一个小孔，将测量装置推入小孔，以测量水平角和垂角。1990年10月30日晚，法国工人以激动的心情等待英国钻过来的钻头，钻孔直径为50厘米，小孔钻通后，用压缩空气吹掉了白垩岩碎屑。从那时起，英法施工人员都感受到了从对面方向吹来的气体。最后测量表明，庞大的钻机从海底两头钻了38千米，中间接头方向只偏50厘米，这真是奇迹，可见现代测量技术的先进水平。

在建造英吉利海底隧道的工程中也遇到了不少困难和挫折。事先设计预算是97.5亿美元，后来由于成本上涨一下子增加到147亿美元。当时提供资金的国际财团有点受不了了，威胁要抽回资金，这一历史上最宏大的非政府投资项目，却面临夭折的危险。银行的最后通牒引起欧洲隧道公司与承包商之间的一场唇枪舌剑的口水战，公司指责承包商漫天要价，心太黑，而承包商则反过来埋怨英国的高利率和高工资。最后双方不得不妥协达成协议，银行除追加投资60亿美元外，还投放了价值10亿美元的股票，股票持有者将享受折价通过欧洲隧道的优惠权。

工程采用十一台重达1200吨的庞大钻机。在最佳条件下，钻机每小时都能钻4.4米，其线路由激光系统导向。每前进1.5米，钻机便停下，机械手把每根重达9吨的拱形钢筋水泥衬垫安装在隧道顶部，形成隧道的拱顶，然后钻机再前进。每小时挖出的沙石有2000吨，送进去的设备有500吨。这三条隧道挖出的沙石达750万立方米，是埃及胡夫金字塔的三倍。可见后勤运输是相当繁忙而困难的，但都被科学方法战胜了。

1994年5月，穿越英吉利海峡、沟通英国和欧洲大陆的海底隧道正式建成通车。从此，只需驱车三十五分钟就能过英吉利海峡，从伦敦到巴黎只要三个小时就够了。这条隧道全长50.5千米，海底部分长达8千米，整个工程历时八年多，耗资百亿英镑，被称为人类历史上的奇迹。

日本青函隧道是世界上已经建成的最长隧道，它南起本州青森地区，北至北海道函馆地区，全长53.85千米，其中23.3千米在海底。主隧道直径为11米，高9米，铺设两条铁路线，另外，还有两条后勤供应辅助隧道。高速火车在隧道里要开十三分钟。

青函隧道正式开工时由于受地形和火山活动的影响，施工地段地质条件复杂，有四处断层，问题很严重，再加上海底部分地段离海面只有200米，在距海底约100米的特殊条件下作业，有些问题是意想不到的。在十八年的施工过程中，遇到了四次出水事故。1976年5月的一次出水事故，最高出水量每分钟达80吨，连续出水五十多天，有1000余立方米沙石崩落，70多米长的隧道被淹没。

面对这样大的困难，日本的科技人员没有恐慌，而是用顽强的意志以及科学的方法，战胜了千难万险。他们采用了最先进的掘进技术，从海峡的南北对岸并进，每推进30厘米，周框立即安上拱形钢架，注进水泥、骨性钾、砖石混合浆，凝固后铺上钢筋水泥板。他们利用这种科学方法解决了一个个的困难。到1983年1月，南北两股施工队终于碰面了，日本列岛最大的两个岛终于连成一体。

这条海底隧道在1988年正式通车，当火车隆隆从隧道这头开进、在那头钻出时，日本人民欢欣鼓舞，载歌载舞像庆祝节日一样。几千年来的愿望终于实现。这个工程共挖出沙石1015万立方米，用去钢筋钢材16.8万吨、水泥79万吨，总投资37亿美元，参加工程建设的累积人数为一千多万人，每千米的造价7000万美元。

青函隧道成了日本贯穿南北的大动脉。北海道和本州之间的交通将不再受恶劣气象条件的影响，运输能力大大提高，日本东京与北海道首府之间的直快列车行车时间缩短了六小时。

更为重要的是，青函隧道的建成使日本科技人员对建设更为复杂的隧道有了信心。有了经验的积累，便加快了步伐。1984 年，日本政府先后对对马西北海域进行了声波勘探；1985 年，又在对马海峡水域四周设置了微型地震仪，以了解海峡的成因和变化情况；1986 年，在对马海域进行海洋钻探；1986 年，日韩对马海峡海底隧道全面动工。

对马海峡海底隧道全长 250 千米，预期造价 200 亿美元。对马海峡位于日本九州西部壹岐岛和对马之间，长 200 多千米，水域宽约 50 千米，中部水深 100 米以上，是东海和日本海之间的交通要道。隧道从日本和韩国两头开钻，由于地段地质复杂，采用几种方案，万一挖不成，将改用把管道投到海底的办法，也就是先把造好的钢筋水泥管铺于海底，再用特殊的钢架将其紧固在海床上，以对付地震、岩层破碎和难以开凿隧道的困难。这种施工技术在海洋工程中是最高水平了。这条海底隧道建成将超过青函隧道的长度，成为世界第一。

中国香港地区的九龙至香港海底公路隧道也是世界上著名的海底隧道工程之一。香港是世界上拥有海底隧道最多的城市之一。有九龙半岛的狮子山隧道、机场隧道及香港岛的香港仔隧道。九龙半岛至香港岛的维多利亚海峡隧道则是集资兴建的，此外九龙至香港之间还有一条地下铁路海底专用隧道。

海底公路隧道是 1955 年开始筹划的，经过十几年的准备，于 1969 年开始动工，1972 年通车。隧道全长 1.86 千米，整个工程采用混凝土钢管沉埋法，耗钢材 2.3 万吨，总投资为 3.2 亿港元。

这条隧道通车后，承受过多次狂风巨浪的重压，至今没有出现过漏水、裂缝等问题。在隧道管理中心，有二十余台闭路电视昼夜监视行车情况，当然小的问题也发生过，汽车在隧道里撞车、追尾，几乎每天都有几起。但总的来说隧道运行管理有方，运行正常。

这条隧道在20世纪70年代来说，是令世界瞩目的。施工部按设计要求，在路上用钢筋混凝土浇制好十四根体积庞大的隧道沉管，然后把它们一根根沉到海底，再一段段把它们对接起来，稳固好。这样的庞然大物，在路上施工都十分困难，何况是在水下呢？但科技人员还是克服了种种困难，把海底隧道高质量地建成了。

随着我国经济实力的增强，隔海相望的许多海岛、海峡需要建设许多海底隧道和桥梁。上海浦东江底隧道、珠江隧道都已通车。我国近些年开通了多条海底隧道。厦门翔安海底隧道，全长约9千米，穿越海底部分约有4.2千米，最深处在水下70米，是我国第一条真正的海底隧道。第二条是青岛胶州湾隧道，全长7.8千米，海底有3.9千米，使用期是一百年，从薛家岛出发，北连团岛，穿越胶州湾海域，是双向六车道。

值得一提的是已摆在专家们“桌面”上的渤海海底隧道。渤海海底隧道如果能建成通车，就会像一条巨大的手臂将辽东半岛和山东半岛紧紧连在一起。从旅顺至蓬莱或大连至烟台，可免去经天津绕弯子。南北来往的车辆可在宽阔的海面大桥或海底隧道通行。

下面的这两条隧道，是利用海底的有利地形，分别于近期和长期兴建的跨海捷径通道。一条是大连至烟台的火车轮渡航线，被称为“大烟火车轮渡”，全长165千米；另一条是旅顺到长岛、蓬莱之间的“北隧南桥”铁路、公路两用线，被称为“旅蓬隧桥”，建成后约十五年即可收回成本。

旅顺和蓬莱隔海相望，中间有庙岛群岛呈一条直线摆开，共有主要岛屿三十二个，明礁四十一处，岛礁距离一般在2 ~ 5千米，平均水深25米。根据这一地形特点，专家们把它分成一条海底隧道、两条大堤、七座大桥，共一百多项工程。

打通渤海海峡跨海通道，可以改变山东与东北地区的运输线路，由原来的绕渤海“C”形运输变为“I”形直达运输，铁路平均运距缩短1000千米以上。

向南、向北延伸，可形成贯穿中国南北沿海各大中城市的铁路大动脉，沟通青岛、上海等，减少大量反向绕行运输。

尽管海底隧道的建设会遇到许多难题，投资也很巨大，但我们相信在21世纪腾飞的中华民族，今天的蓝图，明天定会变成现实。

也许有人会问，仅仅为了交通有这必要吗？以“旅蓬隧桥”为例，它能使海洋资源开发等多个领域跃居世界领先行列，并将创造出三个世界第一：世界最长的跨海工程；以“旅蓬隧桥”为依托，兴建一座世界第一的海流发电站，它的电量将远远超过长江三峡的发电量；以“旅蓬隧桥”为网口，把7.7万多平方千米的渤海变成世界上最大的“内海养殖场”。

到那时，“旅蓬隧桥”将真正成为“仙境”。环视2000多千米的渤海沿岸，青岛、曲阜、北京、天津、秦皇岛、山海关等众名城，都将成为这个“仙境”中的明珠，中国古今灿烂的文化和高新技术将形成一个“环渤海旅游圈”，其经济价值不可估量。因此这个大手笔工程前景无限好！

跨海大桥

几个世纪以来，海峡两岸的人们来往靠船，当遇到狂风暴雨、惊涛骇浪，航船就中断了。随着科学技术的发展，海洋工程有能力利用海洋空间为人类造福，架设桥梁、飞渡海峡已成为现实。这样的连接，把地球各地的距离缩短了。

建造跨海大桥是人们向海洋要空间的另一种方式。海上风大、水流急、浪高，海水又具有腐蚀性，在海上架桥有一定的难度，技术要求高，资金投入大。

尽管如此，跨海大桥带来的经济效益还是促进了跨海大桥工程的开展。

金门大桥是世界上最著名的大桥之一，是旧金山的象征，被誉为近代桥梁工程的一项奇迹。金门大桥横跨在美国加利福尼亚州1900多米宽的金门海峡之上。金门海峡位于旧金山海湾入口处，两岸地势陡峻，航道水深，是1579年英国探险家弗朗西斯·德雷克发现的，并由他命名。

金门大桥南端连接旧金山半岛，北端连接北加利福尼亚。当船只驶进旧金山时，从甲板上举目远望，首先映入眼帘的就是大桥的巨型钢塔结构。该钢塔共342米，其中水面以上的部分为227米，相当于一座七十层高的建筑物。

钢塔的顶端使用两根巨型钢缆相连，这种钢缆直径为92.7厘米，重达2.45万吨，钢缆中点下垂，几乎接近桥身，钢缆和桥身之间用一根根细钢绳连接起来。钢缆两端伸延到岸上并将锚定于巨大的岩石之中。大桥的桥体本身凭借桥两侧两根钢缆所产生的巨大拉力高悬于半空之中。钢塔之间的大桥跨度长达1280米，为世界所建大桥中罕见的单孔长跨距大吊桥之一。从海面到桥中心部的高度约60米，又宽又高，所以即使涨潮时，大型船只也能畅通无阻。

金门大桥包括从钢塔两端延伸出去的部分，全长有2737米，为此，又分别在两侧修建了两座辅助钢塔，使大桥更加壮观。大桥的桥面宽27.4米，有六条行车道和两条宽敞的人行道。大桥的设计者是工程师约瑟夫·斯特劳斯，人们为纪念他对美国作出的贡献，把他的全身铜像安放在桥畔。1933年金门大桥开始动工，用了四年时间，终于在1937年竣工。建造金门大桥使用了10万多吨钢材，耗资3550万美元。整个大桥造型宏伟壮观、朴素无华。桥身呈朱红色，横卧于碧海之上，华灯初上时，如巨龙凌空，使旧金山市的夜空景色更加壮丽。

提起伊斯坦布尔，人们自然会联想到世界上惟一一座飞跨欧亚两洲的博斯普鲁斯海峡大桥。秀丽的海峡风光和素有胜名的千年古迹使得土耳其的经济中心伊斯坦布尔成为世界著名的旅游胜地。博斯普鲁斯海峡大桥兴建于

1968年,它使被海峡一分为二的城市连在了一起,也把欧亚两大洲连接在一起。

博斯普鲁斯海峡大桥是一座造型独特的吊桥，全长1560米，除两头的钢架外，中间没有桥墩，各种类型的船只都可通过，是欧洲第一大吊桥，世界第四大吊桥。

1973年10月30日，博斯普鲁斯海峡大桥正式建成通车。桥面可以并排行驶六辆汽车。海峡两岸每边有一个“门”字形的桥塔，有165米高。两个桥塔连着两根58厘米粗的钢索，这种钢索是用11 300根5毫米的钢丝拧成的。大桥没有设置桥墩，整个桥身就吊在两根巨大的钢索上。如果碰上刮大风的天气，大桥会左右摆动。不过这些都不会导致危险，人们不必感到恐惧。这座桥上规定只行驶汽车，不准行人步行通过。大桥的桥面离海面64米高，各种大型船只都可以在桥下畅行无阻。

1955年，濑户内海发生了一起重大事故，一艘轮渡翻沉，死亡一百多人，这次事件促使日本政府下定决心修建一座连接本州冈山县儿岛町和四国香川县坂出市的大桥。1988年4月10日，濑户大桥终于建成通车，实现了两地人民长期以来的夙愿。

濑户大桥工期近十年，这座大桥是世界桥梁史上的空前杰作。濑户大桥为铁路、公路两用桥，由三座吊桥、两座斜拉桥和三座桁架桥组成。它南起四国的香山县，犹如一条钢铁巨龙，穿过世界上惟一的一条铁路、公路上下分开的两层式隧道，弯弯曲曲、浩浩荡荡地跨海越洋，向北直奔本州的冈山县。大桥在海中越过了五座小岛，从远处看去，五座小岛犹如五颗璀璨的明珠，被一根银线穿在了一起。

濑户水域的水下地质构造极其复杂，水面宽阔，加上台风肆虐等种种不利因素，大桥的设计和建造有许多难题。然而也许正是这些不利因素逼出了人类与大自然抗争的聪明和才智。根据设计，大桥可抵抗里氏8.5级大地震和风速为每秒60米的狂风。

在濑户大桥的建设过程中，日本的工程技术人员采用了大口径掘削法、海底穿孔爆破法和灌浆混凝土法等技术，克服了许多难以想象的困难，终于建成了这座技术先进、造型美观的现代化钢铁大桥。

濑户大桥总长度达 37 千米，其中跨海长度为 9.4 千米。作为铁路、公路两用桥，其总长度是世界第二，原本为世界第一，2008 年，其位置被杭州湾跨海大桥所取代。其最长的一处吊桥长达 1100 米，是世界第一，该大桥耗资约 84.6 亿美元。最高的一座桥塔高 194 米，相当于一座五十 多层大厦的高度。

我国建造的跨海大桥如厦门跨海大桥、东海大桥和杭州湾跨海大桥也闪亮登场。厦门跨海大桥在 1991 年 5 月 19 日建成通车。该桥的总长度为 6599 米，宽 23.5 米，双向四车道。1999 年 6 月，我国又建成朱家尖跨海大桥以及跨越舟山与朱家尖岛之间的普沈水道。我国在澳门共建了三座跨海大桥，第三座跨海大桥已于 2005 年底通车。

杭州湾跨海大桥是横跨中国杭州湾海域的一座跨海大桥，总投资 118 亿元，北起嘉兴市海盐郑家埭，跨越宽阔的杭州湾海域后止于宁波市慈溪水路湾，是国道主干线和同三线跨越杭州湾的便捷通道。

杭州湾跨海大桥全长 36 千米，其中桥长 35.7 千米，双向六车道高速公路，设计时速 100 千米，设计使用寿命百年以上。这个长度比连接巴林与沙特的法赫德国王大桥还长 11 千米，超过了美国切萨皮克海湾桥等世界名桥，是世界上已建成的第三长的跨海大桥。

杭州湾跨海大桥建设首次引入了景观设计概念，借助“长桥卧波”的美学理念，呈现S形曲线，具有较高的观赏性、游览性。在南航道再往南 1.7 千米，就在离南岸大约 14 千米处，有一个面积达 1.2 万平方米的海中平台。这一海中平台是一个海中交通服务的救援平台，同时也是一个绝佳的旅游休闲观光台。杭州湾跨海大桥 2003 年 11 月 14 日开工，于 2007 年 6 月 26 日全线贯通。

在上海已建设的桥梁，主要是依苏州河、黄浦江而建，不属于跨海大桥。

而东海大桥是上海第一座真正意义上的外海跨海大桥。东海大桥的建成通车为上海国际航运中心的建设奠定了基础。

东海大桥也是我国第一座真正意义上的跨海大桥。该桥全长约32.5千米，其中有约3.7千米的陆上段，海上段芦潮港新大堤至大乌龟岛之间约25.3千米，大乌龟岛至小洋山岛之间的港桥连接段约3.5千米。

东海大桥桥宽31.5米，根据双向六车道加紧急停车带的高速公路标准设计，设计车速为每小时80千米，设计荷载按集装箱重车密排进行校验，可抗12级台风、7级地震，设计基准期为一百年。

东海大桥是上海市横跨杭州湾北部海域通往洋山深水港的跨海长桥，它以“东海长虹”为设计理念，就像我国东海上一道亮丽的彩虹。大桥采用白色、浅灰色作为主色调，使其与环境和谐统一。目前世界上在外海已经建成的跨海大桥最长的只有16千米，而东海大桥建设总长32.5千米，是名副其实的“世界之桥”，也是继杭州湾大桥之后的世界第二长跨海大桥。

不久的将来，还会有更多的跨海大桥兴建，为海洋交通作出一个又一个的贡献。让我们拭目以待。

海洋带动了沿海经济发展

海洋缩短了世界的距离，使交通越来越便利，同时海洋特有的环境和条件也赐予各国沿海成千上万颗明珠——海港，带动了沿海城市的经济发展。港口是各种交通运输的通道，是国家最重要的经济枢纽之一。货物的输进和输出，几乎都把港口作为必经之路。海港是完美的经济综合体，海港的兴衰繁荣是显示世界经济的晴雨表，是反映各国经济发展进程的一面镜子。

欧洲门户——鹿特丹港

步入鹿特丹，人们仿佛置身于一座新兴的大城市中。它的城市建设是按照第二次世界大战以后的新布局规划实施的，建筑物大多是战后新建的，不仅外观新颖别致，而且造型独特，异彩纷呈。市区内有规模宏大的国际贸易中心机构、银行、保险公司，而在老城区，许多街道路面是用石头铺成的，保留着数百年前的风貌。鹿特丹是一座位于马斯河沿岸的城市，市内河道很多，有各种各样的船只停泊在河边。在建筑物近旁，在河畔，在桥边，荷兰独特的风车随处可见，构成了一幅幅美丽的画卷。

被人们称为“欧洲门户”的鹿特丹是连接欧、美、亚、非、澳五大洲的重要港口。该城市的市区面积为200多平方千米，其中有100多平方千米是港区。它位于欧洲马斯河与莱茵河的交汇处，整座城市分布在马斯河两岸，并通过新水道与北海相连。鹿特丹港区水域深广，内河航船可以通行无阻，外港深水码头可停泊巨型货轮和超级油轮。

鹿特丹作为荷兰的第二大城市，在历史上几经兴衰。最初，它原本是鹿特河附近的一个小渔村。鹿特河很早之前是从南荷兰的沼泽地区流入马斯河的，鹿特丹因鹿特河而得名。1250年，人们在马斯河北岸修建堤坝，用闸门将鹿特河与马斯河隔开。1340年，荷兰威廉四世伯爵治理鹿特丹时，挖掘了运河与代尔夫特和莱顿相通，鹿特丹开始逐渐繁荣起来。

但在1563年，鹿特丹大部分地区被大火破坏。九年后，鹿特丹又被西班牙军队占领和掠夺。当时有许多来自比利时安特卫普的商人和工匠在鹿特丹定居下来，这使鹿特丹慢慢进入了一个恢复发展的时期。

历史的车轮进入了16世纪，鹿特丹的城市建设有了一定的发展，人们在泥沼地上建设了很多港口，为开展对外交通和贸易奠定了基础。18世纪，鹿特丹集中对法国和英国开展对外贸易，当时甚至有船只远航到印度尼西亚和美国。19世纪的时候，鹿特丹在转口贸易方面的地位日益重要。

由于1871年德国统一，在鲁尔地区实行工业化，鹿特丹也借了这股东风相应地得到发展。随着苏伊士运河的通航，特别是1877年铁路接通南部市区和1895年通往北海的运河新河道建成，当地的运输条件大为改善。城市不断向外扩展，港口运输网络建立，四通八达、纵横交错的河流和运河连为一体，至20世纪初，鹿特丹一跃成为荷兰第一大港，而且成为世界上设备最好的港口之一。

第二次世界大战期间，鹿特丹遭受了巨大的损失。1940年5月，德国空军对其进行了狂轰滥炸，整个市中心和东部广大地区的建筑物完全被破坏，包括圣劳伦斯大教堂在内的许多公共建筑被炸成一片废墟，只有波伊曼斯博物馆、市政府、邮政总局、股票交易所等建筑幸免于难。1944年秋，德军撤退时大肆破坏了该城市的基础设施，如总长为7700多米的远洋货轮码头区和约40%的码头设备。

第二次世界大战后，鹿特丹市政府开始着手进行重建计划，并征用了整个被破坏的地区。1949年完成了港口设施的重建，并逐步恢复了海上的交通运输。19世纪六七十年代建成了博特莱克港和石油化工区，开挖了长12千米、宽400 ~ 600米、深23米的贝尔河，并修建欧罗波特港。

鹿特丹港口和工业区面积从“二战”后至70年代中期由最初的26.3平方千米扩大了近五倍，达到100平方千米，这使鹿特丹一跃成为世界第一大港。经过五十多年的发展，荷兰已成为一个经济发达的国家，它是欧共体最早的成员国之一，其人均国民生产总值位居欧洲前列。荷兰工业门类齐全，拥有欧洲最大的炼油厂，造船业很发达，石油化工、家用电器、电子仪器、乳品加工等在国际上享有盛誉。此外还有汽车装配、工程机械、铁路器材、轻工业(纸张、服装、咖啡、茶、可可、香烟、啤酒)等制造部门。

鹿特丹港区面积约100平方千米，码头总长42千米，吃水最深处达22米，可停泊54.5万吨的特大油轮。“二战”后，随着欧洲经济复兴和共同市场的建立，鹿特丹港凭借优越的地理位置得到迅速发展。

鹿特丹港是世界上主要的集装箱港口之一。早在1967年，一些码头装卸公司敏锐地发现集装箱在世界上的发展潜力，进行了巨大投资。现在，鹿特丹港已成为欧洲最大的集装箱码头，它的装卸过程完全用电脑控制，码头上各种集装箱井井有条地堆放在一起。1982年它就可装卸216万标准箱，超过了纽约港的190万箱。

现在鹿特丹港的集装箱装卸量已超过320万箱。鹿特丹港的集装箱运输形式主要有：

1. 公路集装箱运输。四通八达的稠密的公路网将鹿特丹与欧洲所有的大城市连接起来，从鹿特丹出发，十小时内就可以到达巴黎、法兰克福和汉堡等城市，到达德国的主要工业区鲁尔地区和比利时大部分地区所需的时间就更短了，即使是北欧这样较远的地区也可以在二十四小时之内到达。荷兰的公路运输拥有雄厚的实力，欧盟高达30%的国际公路运输是由荷兰承担的。

2. 铁路集装箱运输。鹿特丹每天都有一系列的集装箱列车发往欧洲各地。

3. 驳船集装箱运输。近年来，由于运价低等原因，鹿特丹驳船集装箱运输得到了迅速发展，几乎每天都有驳船将集装箱从鹿特丹运至莱茵河沿岸各集装箱码头。

随着集装箱运输的发展，内陆集装箱码头开始大量出现。在欧洲，尤其是莱茵河沿岸，已兴建了三十几个集装箱码头。20世纪90年代以来，鹿特丹开始实施新的扩能计划，建造10万~15万吨级的第五、第六代集装箱码头。

到2010年，集装箱吞吐能力达到了600万箱，确保了其欧洲最大集装箱运输中心的地位。

1957年，由于港口扩建规模巨大，鹿特丹人想出了“欧洲之门港”这个名称，这也就意味着他们想成为“欧洲的大门”。其实自1963年起，鹿特丹就可被称为世界最大港口和仓库地。城市对集装箱转载进行了大量投资，以在远东世界经济国中竞争。马斯平地港的码头上可毫无困难地装卸世界上最大的集装箱船。

此后鹿特丹港一直保持着世界第一大港的地位。2000年，鹿特丹港的货物吞吐量达到了3.2亿吨，创下了当时的最高纪录。目前，鹿特丹每年进港轮船有3万多艘，驶往欧洲各国的内河船只有12万多艘。鹿特丹港有世界最先进的ECT集装箱码头，年运输量达640万标准箱，居世界第四位。鹿特丹港货运量占全国的78%，总产值达120亿荷兰盾，约占荷国民生产总值的2.5%。

世界利用率最高的港口——新加坡港

新加坡港位于新加坡的新加坡岛南部沿海，南临新加坡海峡的北侧，西临马六甲海峡的东南侧，是世界最大的集装箱港口之一。该港扼太平洋及印度洋之间的航运要道，战略地位非常重要。新加坡港自13世纪开始就是国际贸易港口，目前已发展成为亚太地区最大的转口港。

新加坡港是全国经济、政治、文化及交通的中心，电子电器、炼油及船舶修造工业为该港的三大支柱产业。该港高科技产业发展迅速，已成为世界上电脑磁盘和集成电路的主要生产地。还有炼油业，它是世界三大炼油中心之一。除三大支柱产业外，还有交通设备、建筑、纺织、食品等产业也较发达。新加坡还是欧、亚及大洋洲的航空中心。旅游业也是主要外汇来源之一。新加坡境内自然资源缺乏，粮食的全部和蔬菜的半数均依靠进口。

新加坡港属于热带雨林气候，年平均气温在24℃ ~ 34℃，每年的10月至第二年3月为多雨期，全年平均降雨量为2400毫米。新加坡港属全日潮港，平均潮差为2.2米。

新加坡港成为如此重要的港口与港口的自然条件密不可分。该港水域宽敞，很少被风暴波及，水深适宜，吃水在13米左右的船舶可顺利进港靠泊。新加坡港的设备先进完善，并采用计算机化的情报系统，使用户使用时更加简化和方便。

该港的装卸设备有各种岸吊、集装箱吊、门吊、汽车吊、铲车、卸货机、吸扬机、叉车、牵引车、拖船及滚装设施等，其浮吊最大起重能力达203吨，拖船功率最大为1400千瓦，还有直径为150 ~ 600毫米的输油管供装卸石油所用。另外新加坡港还有多个海上泊位，最大可停泊载重35万吨的超级油船。丹戎巴葛码头为集装箱专用码头，有九个干线泊位和三个支线泊位，其中有六个泊位可供六艘第三代集装箱船舶同时作业，集装箱堆场可存放3.1万个标准箱，有最新式的用于堆垛集装箱的橡胶轮胎式装卸机。这批装卸机最大起重能力达40吨，跨距22.7米，提升高度19米，轴距8米，运行速度在提升时为17米/分，在横移时为70米/分，在行走时为134米/分，最高能堆垛七层，并能自动将吊钩放到集装箱上方所需要的位置上。另外在两个大门口还设有十六车道的电子地磅。

裕廊码头的周围是新加坡最大的工业区，它对该码头干、液、散货的运输起了非常大的作用。裕廊码头有九个深水泊位，最大可停靠载重30万吨的船舶，有仓库8.5万平方米，堆场23.4万平方米，谷仓容量达4.8万吨。有链带式干、散货卸货机，可直接把货物运往仓库，散货的装卸能力每天达1.4万吨。

新加坡港炼油厂的贮藏容量达 80 万立方米，精炼能力每天为 120 万桶（约 16 万吨），居世界第三位，仅次于鹿特丹港和休斯敦港。该港早在 1891 年就开始做转口贸易，自由贸易区分布在港区内，面积达 4.05 平方千米，码头岸线长达 4.83 千米。过境货物仓库为 12 万平方米，露天堆场为 8.4 万平方米。

集装箱运输 1960 年开始在世界上逐渐兴起，新加坡抓住了这个机遇，开始大力兴建集装箱专用泊位。1972 年，首个泊位投入运营。新加坡逐步改建和新建集装箱专用码头，并配合积极的集装箱中转政策，且与政府当局和相关行业紧密合作，这些都使新加坡港得到了迅速发展，转变成为地处东南亚的集装箱国际中转中心。

截止到目前，新加坡港与世界上 123 个国家和地区的 600 多个港口建立了业务联系，每周约有 430 艘班轮发往世界各地。有了如此全方位的班轮航线做保证，需要中转的集装箱到了新加坡很快就会转到下一个航班并运往目的地。新加坡港的大部分集装箱在港堆存时间为三至五天，其中有五分之一的货物堆存的时间仅为一天。新加坡作为国际集装箱的中转中心，极大地提高了全球集装箱运输系统的整体效能，成为国际航运网络中不可或缺的重要一环，这是新加坡国际航运中心的最大特色。

新加坡除了海运外，还在空运、炼油、船舶修造等方面具备了产业优势，同时该城市又是重要的国际金融和贸易中心。新加坡港利用这些优势条件，围绕集装箱国际中转，衍生出了许多附加功能和业务，丰富和提高了新加坡作为现代意义上国际航运中心的综合服务功能。发达的集装箱国际中转业务吸引了许多船公司把新加坡作为集装箱管理和调配基地，形成了一个国际性的集装箱管理与租赁服务市场。

新加坡的空港联运是新加坡海港与新加坡空港合作开展的一项增值业务。它是指通过海运和空运的配合与衔接，充分利用两种运输方式的优点，满足用户的特殊需求。空港联运本身并没有给新加坡带来可观的收入，但它确实满足了客户的应急之需，极大地提升了客户对新加坡港的信任度和新加坡作为国际航运中心的知名度，在广泛和长远意义上为新加坡港带来了丰厚的回报。

新加坡港是亚洲地区最大的修船基地之一，其拥有两个30万吨级的旱船坞和一个40万吨级的巨型旱船坞，能够同时修理的船舶总吨位超过200万吨。在为船舶提供维修服务的同时，新加坡港还提供国际船舶换装与修造一体化的服务。需要检修的船舶往往满载货物从其他港口驶往新加坡港，将货物在新加坡港换到其他船舶后，就近在新加坡进行维修，这既节省了成本，也方便了船主，更为新加坡的修船业带来了更多的生意。

新加坡是世界第三大炼油中心，世界排名前列的英国壳牌石油公司、埃克森美孚石油公司、英国石油公司等均把新加坡港作为石油提炼和仓储基地。规模效应使得船用成品油的价格相对较低，加上位于国际航线的要塞位置，新加坡已发展成为国际船舶燃料供应中心，往返欧亚航线的船舶大部分只选择在新加坡或鹿特丹两个港口加油。

近几年来，新加坡港已成为世界上最繁忙的港口之一，共有二百多条航线来往于世界各地，约有八十个国家和地区的一百多家船公司的各种船舶日夜进出该港，平均每十二分钟就有一艘船舶进出。一年之内相当于世界现有货船都在新加坡停泊了一次，于是新加坡有了“世界利用率最高的港口”之称。

新加坡港的集装箱吞吐量在1990年和1991年均超过香港而跃居世界第一位，自1992年开始新加坡虽然达到756万标准箱，但香港达到797万标准箱，因此被香港夺去了第一的位置。直至1994年，新加坡集装箱吞吐量达到1040万标准箱，仍然位居世界第二位。2006年的时候，全球前十位集装箱港口座次尘埃落定，新加坡港以2480万标准箱高居榜首。

中国最大的港口——上海港

自古以来上海就是我国对外交通和贸易往来的重要港口。早在唐天宝年间，唐朝政府就在这里设立了镇治，也就是青龙镇（现在青浦区东北，苏州河南岸），发展港口，供船舶往来停靠。

到了宋代，青龙镇有了“江南第一贸易港”的称号。1111 年，北宋政府在青龙镇设立了市舶提举司，专门征收关税，管理此地的航运。后来，长江每年有大量的泥沙顺河流而下，使长江三角洲的海岸线不断向海上伸延，陆域不断增加，河道变迁，大约到了 1265 年，港口迁到了上海镇。

1404 年开拓形成黄浦江后，上海港凭借黄浦江的优良航道而日益壮大。1840 年鸦片战争后，英国迫使清政府签订了丧权辱国的《南京条约》，上海港被迫对外开放。之后，一批外国冒险家蜂拥而至，他们任命外籍港务长，划定所谓的 “洋船停迫界”，设立自己的殖民武装力量，瓜分港口岸线，建筑码头仓库，走私鸦片，贩卖人口。到了 1853 年，上海超过广州成为全国最大的外贸口岸。19 世纪 70 年代后，上海港成为全国的航运中心，黄浦江和苏州河两岸也随之形成了近代工业聚集区。

黄浦河道局在 20 世纪初对黄浦江和吴淞口的局部河段进行了整治和疏浚，从此以后，万吨级的船舶可以乘潮进入黄浦江，适应了当时船型发展和经济发展的要求。20 世纪 30 年代，上海港成为远东航运的中心，年货物吞吐量一度达到 1400 万吨，船舶进口吨位居世界第七位，上海成为世界上重要的港口城市。

1949 年上海解放后，上海港的历史从此揭开了新的一页。特别是改革开放以来，上海港在上海市政府和交通部支持下，在黄浦江内新建了张华浜、军工路、共青、朱家门、龙吴五个港区，在长江口南岸建了宝山、罗泾和外高桥港区。此外，外高桥电厂、宝钢集团、石洞口电厂等也各自建了专用码头，上海港的货物吞吐能力不断扩大，对上海市的建设以及长江流域和全国经济的发展都发挥了重要的促进作用。

1995年12月，党中央、国务院作出了建设上海国际航运中心的战略决策。2005年12月，洋山深水港区一期工程建成投产，洋山保税港区同时启用，标志着上海国际航运中心建设取得了重要的阶段性成果。经过半个多世纪的建设和发展，上海港已成为一个综合性、多功能、现代化的大型主枢纽港，并跻身于世界大港之列。

上海港居我国18 000千米大陆海岸线的中部位置，扼长江入海口，地处长江东西运输通道与海上南北运输通道的交汇点，是我国沿海的重要枢纽港，也是我国对外开放、参与国际经济大循环的重要口岸。上海市的外贸物资中99%经由上海港进出，每年完成的外贸吞吐量占全国沿海主要港口的五分之一左右。作为世界著名港口，2010年上海港的货物、集装箱吞吐量均位居世界第一，并创造了中国世界纪录协会“世界货物吞吐量最大的港口”的世界纪录。

上海港临海依江，以上海市为依托，以长江流域为后盾，经济腹地广阔，全国三十一个省市都有货物经过上海港装卸或换装转口。上海港的主要经济腹地除了上海市以外，还包括江苏、浙江、安徽、江西、湖北、湖南、四川和重庆等。上海港的水陆交通便利，集疏运渠道畅通，通过铁路干线、高速公路、国道及沿海运输网可辐射到长江流域甚至全国，对外接近世界环球航线，处在世界海上航线边缘。

上海港所在区域属于亚热带海洋性季风气候。受夏季风、冬季风的交替影响，四季变化明显，全年温暖多雨，年平均气温约为16 ℃，年降水量约

1148.8 毫米。全年风向以东南风为主，强风向为东北风。台风多发生在夏秋之季，风力在 10 级以上的强台风平均为两年一遇。上海市区全年平均雾日为 43.3 天，长江口为 24.2 天。多数情况下，雾的持续时间为 2 ～ 3 小时，对上海港内航运以及货物装卸影响不大。数百年来上海航道没有出现冰冻现象。黄浦江属于感潮河流，是非正规半日潮，一天两潮。长江口潮汐属正规半日周潮，一天两潮，平均潮差为 2～2.5 米。

上海港的直接腹地主要是长江三角洲地区，包括上海、江苏南部和浙江北部。长三角包括上海、南京、镇江、常州、无锡、苏州、南通、扬州、杭州、泰州、盐城、淮安、宁波、嘉兴、湖州、绍兴、舟山等城市，土地面积 10 余万平方千米，人口近 1 亿。2003 年，长三角所涵盖的城市共完成国内生产总值 22 774.2 亿元，占全国 GDP 总量的 19.2 %。

上海港主要的经营业务包括装卸、物流、中转服务、仓储、船舶拖带、引航、外轮代理、外轮理货、海铁联运以及水路客运服务等。港口主要经营的货类为煤炭、石油及其制品、钢材、矿建材料、集装箱、金属矿石、机械设备等。2003 年，上海港的货物总吞吐量达 3.16 亿吨，其中煤炭及其制品 5682.3 万吨，油气及其制品 2109.6 万吨，钢铁 2112.2 万吨，矿建材料 2533.8 万吨，集装箱货物 10 225.1 万吨，金属矿石 4098.5 万吨，机械设备 1907.7 万吨。

2011 年，上海国际航运中心建设取得重大突破，上海港在全世界的影响力进一步提升。据统计，2011 年上海港全港货物吞吐量为 7.3 亿吨，同比增长 11.4%，集装箱吞吐量首次突破 3000 万标准箱，达到 3174 万标准箱，同比增长 9.2%，上海港成为世界第一个集装箱吞吐量超过 3000 万标准箱的港口，货物吞吐量和集装箱吞吐量继续保持全球双量第一的位置。全球排名前二十的班轮公司在上海都设有分支机构。

曾经的世界第一大港——纽约港

纽约港位于美国哈德逊河口的海湾内，东临大西洋，是一个终年不冻、港阔水深、潮差仅 1 ~ 1.5 米的天然海湾河口良港。

1614 年，荷兰人开始建设纽约港，当英国崛起成为新的航运强国后，不断地侵占其他国家的土地，把持通商口岸，其中纽约港也被英国人所夺。北美独立战争胜利之后，美国人对纽约港进行了大规模的开发与建设，到 1800 年，纽约港成为全美最大的港口。1921 年，纽约港务局成立，具体负责港口规划编制并实施。经现代化的建设，纽约港拥有 700 平方千米的水域和 1000 多平方千米的陆域面积。

纽约全港的主要港区中， 十个港区在纽约市一侧，六个港区在新泽西州。纽约港码头岸线长近 70 千米，约有四百个水深为 9.4 ~ 12.8 米的泊位。

纽约港在促进美国对外贸易、国际交往、经济发展等方面都作出了重大的历史贡献，创造了多项世界第一。

“二战”期间，美国对欧洲战场盟友的战争物资支援运输的始发港就集中在纽约港。盟军在欧洲开辟第二战场，在诺曼底登陆的战役准备阶段，美国到英国的战争物资运送也是从纽约港装船起航至英国，再储存在英国的秘密战备仓库里，所以纽约港是支援欧洲战场的战争物资运送的第一大港。

现代集装箱航运试验的第一港口同样是纽约港。1956 年，纽约港将五十八只铝制的装满货物的类似于卡车车厢的箱子装上老油轮的甲板并固定好。五天后船只驶进休斯敦港，五十八只集装箱从船上卸下，装到等待在船边的卡车的拖架上，然后直接运往货主指定地点。这次试验被称为“一次革命性的‘集装箱’转运”。十年后，美国海陆公司把四艘改装好的集装箱专用船投入美国到欧洲航线的营运上，纽约港也成为世界上第一个将集装箱装上正规集装箱专用船投入世界航线航运的港口。

“二战”后，美国为支援欧洲复兴，进行了一项名为“马歇尔”的援助复兴计划。从20世纪40年代中期至60年代中后期，美洲到欧洲的航线成为世界上最繁忙的航线。纽约港承担了北美至欧洲货物中转、出口的重任，所以，纽约港成为美国东海岸大西洋航区的中转港、枢纽港、转口港，纽约港的集装箱中转量超过40%，成为世界上第一个航运中心。

现在的纽约港区岸线总长1200多千米，主要由长岛海峡、哈德逊河下游和斯塔滕岛西面水域组成。港口冬季不冻，潮差小，但早、晚时会有浓雾。航道水深一般在15 ~ 20米，有的主航道达25米，20万吨的巨轮可以自由出入。

纽约港有四百多个泊位，其中一百多个深水泊位。有两百多条航线通往世界各地，每天接纳来自世界各地的八十多艘海轮。纽约港拥有现代化装卸设备和干船坞、库藏设施。1980年货物吞吐量曾达1.6亿多吨，近年来为1亿多吨，其中有20%为集装箱运输。

纽约港区码头按照货物种类、岸线码头特征可分为三种类型：一是工业码头，主要分布于哈德逊河的西岸与上纽约湾的西岸，其次分布在布鲁克林区的西南岸和东河的东岸，以装卸原材料与工业产品货物为主，为大型海运码头与集装箱码头。1985年，该码头的集装箱运输量为206.5万箱，为世界第一位。 二是杂货与散装码头，主要分布在哈德逊河的东岸靠近曼哈顿岛的商业区与生活区，其次在曼哈顿岛北部，东河的北岸靠近布朗克斯区。三是客运码头与旅游岸线，主要集中在曼哈顿岛闹市区附近及曼哈顿岛南端和东河西岸联合国大厦附近，哈德逊河的华盛顿大桥附近等都属于旅游区。

纽约港在自身的发展中曾经辉煌过，在世界港口业、航运业、对外贸易业、物流业、金融业等发展上作出了重要的贡献。20世纪70年代，欧洲经济全面复苏，经济、金融、科技、贸易发展迅速，荷兰的鹿特丹港以其优越的地理位置、良好的港口设施以及天然的内河航运条件，在港口发展中异军突起，超越美国纽约港，成为欧洲乃至全球著名的大港。新世纪以来，随着全球经济的变迁，中国经济的崛起，纽约现在虽然仍是全球著名的大都市、国际金融和航运中心，但纽约港的吞吐量和集装箱量已经跌落至美国长滩之后，在全球港口的排名约第二十位。

日本第二大港口——横滨港

横滨港位于日本神奈川县东部沿海，濒临东京湾的西侧，北与川崎港相邻，是日本第二大港口，同样也是世界亿吨大港之一，并且是世界十大集装箱港口之一。横滨是日本第三大城市，早在一百多年前就已建港。横滨港的发展与中国上海相仿，原本是一个小渔村，在西方列强用炮舰外交后被辟为自由港。

横滨港是京滨工业区的核心之一，其工业总产值排在东京和大阪之后，居日本第三位。主要工业有造船、炼油、钢铁、汽车、电机电器、化工和食品加工等。横滨的文化教育同样很发达，有多所大专院校和博物馆、图书馆等，其中著名的有神奈川大学及横滨国立大学等。

横滨市位于日本神奈川地区的中心，具有发达的交通线，从横滨到东京机场只需要三十分钟的车程，而到成田国际机场则需要乘坐约九十分钟的火车专列。横滨在传统上就是一个国际化的港口，有很多旧的西式建筑，充满了多种文化交汇的气氛，到处洋溢着异国情调。横滨南边15千米处的镰仓市是日本镰仓幕府时期的首府，保留了相当多的历史文化瑰宝。

1859 年，日本向国外开放了自己的贸易海岸，横滨港就是其中最早对外开放的港口之一。此后，横滨港在与世界各国人民的交往中融合了多民族的文化。横滨以其极为融洽和睦的国际气氛和尖端技术产业而闻名于世，已成为日本人口规模第二大的城市。横滨市内还有极具中国历史文化特色的“唐人街”——横滨中华街。横滨港是世界亿吨大港之一，2005 年集装箱吞吐量为 287 万标准箱，居世界港口排名表第二十八位。在横滨港的内港和外港均建有足以阻挡大风大浪和超高海潮侵袭的现代化防波堤，横滨港的地理优势无论在风力、风向、水深、潮流等方面，在日本都称得上是首位。

横滨港在第二次世界大战后曾多次扩建，港区水域面积达到了 73.4 平方千米，临港地区总面积约 28.1 平方千米，其中工业港区面积 17.1 平方千米，商业港区面积 9.8 平方千米。码头岸线 40 千米，水深 9 米以上的超过 17 千米。横滨港总共有 10 个码头港区，245 个大中小泊位，其中有 120 个万吨级以上的泊位，最大水深 23 米，可靠 20 万吨级油轮。全年吞吐量 1.2 亿吨左右，主要出口货物为车辆、化工产品、机械设备、钢铁、船舶、罐头食品及纺织品等；主要进口货物有原油、煤、纤维制品、矿石、食品及机械等。

横滨港在大黑、本牧和南本牧港区共有 23 个集装箱码头泊位，码头线总长达到 6000 多米。大黑集装箱码头有 13 个，本牧集装箱码头的岸边装卸桥有 25 座，南本牧集装箱码头有 5 个。横滨港 23 个集装箱码头均装备有世界上一流的装卸设备和交通运输设施，可以停靠世界上最大型的集装箱船舶。南本牧码头总面积 2.2 平方千米，并且相当一部分是采用城市建设的建筑垃圾填海造地而成。面积 0.9 平方千米的 2 个水深 16 米的集装箱码头是在 2001 年竣工的，码头线总长 700 米，码头集装箱储存能力 1.7 万标准箱。设备先进的南本牧集装箱码头已经成为日本集装箱物流枢纽港，完全可以满足集装箱运量的迅速增长。

本牧集装箱码头同样是由填海造地兴建而成的，其面积有2.7平方千米，拥有25个码头泊位，从1996年起，该码头转变为以集装箱码头用途为主。为了满足不断增长的集装箱吞吐量需要，本牧集装箱码头在1996年进行了第一期的码头扩建工程，又于2003年进行了第二期水深15米抗8级地震的扩建，以便增加泊位。扩建后的整个码头包括配送中心、仓储中心、物流中心等，岸边装卸桥的悬臂跨度达到了22标准箱宽度。

占地3.2平方千米的大黑集装箱码头是横滨港最大的岛屿式集装箱码头。1971年，大黑集装箱码头在填海造地的基础上开始兴建，1990年竣工。大黑集装箱码头可以停泊大型集装箱船舶，另有其他泊位为多用途泊位。大黑集装箱码头物流中心在1996年8月开始运行，这进一步推动了集装箱吞吐量的增长，可以装卸各种型号的集装箱。

大黑集装箱码头物流中心面积32万平方米，是横滨港内设备齐全的免税区，由于地理位置优越，已经吸引了世界各国的集装箱货物托运人和承运人。在大黑集装箱码头上有五十座配备现代化装卸和管理设施的集装箱堆场和仓库。此外，横滨的航空货运机场就在横滨港集装箱码头附近，进出口货物的电子清关手续可以在一天内办完，方便了集装箱货物的海陆空进出口运输。

横滨港的21世纪建设规划就是要把横滨港建设成环境优美的国际性的文化、信息港口新都市。横滨港“未来21世纪地区”占地面积达到1.9平方千米，常住人口1万人，日常工作人员为19万人。除了有港口管理大厦外，还有博物馆、国际会议厅、住宅区、贸易购物区、公园、花园、美术馆、国际海员俱乐部、中央广场等，把港口生产、管理、调度、市民文化生活、娱乐等功能全部结合在了这个位于港口区域内的港口都市内。

海洋是人类未来的生存空间

地球上人口数量的激增不仅造成了粮食、能源等资源的不足，连土地和空间都变得十分紧缺。人均土地面积越来越少，人们的生活空间越来越小，于是人们不约而同地把目光转向海洋，要向海洋要土地，向海洋要空间。

神奇的海上城市

面对全世界人口不断增加这一现状，科学家们正在突破想象极限，让看似不可能的事情成为可能，最终实现在不破坏大自然的情况下为人类提供理想的栖息地的目标。我们列举了建筑界的幻想家提出的一系列最鼓舞人心同时也最为牵强的想法，虽然可能给人一种似是而非的感觉，但这些想法让我们拥有了一个一瞥未来可能景象的机会。

人类总是在不断探索自己的生存空间，从干燥的沙漠、神奇的海底、冰冷的两极到遥远的月球、浩瀚的太空，都留下了人类的踪迹。

科技的发展为人类提供了开拓未来居住空间的客观条件，而人口大爆炸、资源的日益减少，也让开发海洋、沙漠、太空变得更具紧迫性。

一些学者预测，由于气候变暖、冰山融化等因素，到 2100 年，整个地球将被海水淹没，到时人类能逃到哪里去呢？有些人提出一个设想：或许“海上城市”可以帮人们解决这一场危机。很多国家都在加紧攻关海上浮式技术，未来人们有望住在能源自给自足的“海上城市”中。

辽阔大海深处的“仙山琼阁”是古代人们的想象；海面升腾的“海市蜃楼”是令人心驰神往的美妙幻景。然而，以人工岛为依托建立海上城市，是有充分科学依据的构想，很可能在不久的将来变为现实。那里有办公大楼、住宅大厦，有宽阔的街道和繁华的商场，有旅馆和饭店、图书馆和电视台、会议中心和娱乐中心，有银行和邮局、国际机场和海港码头……当然，还有陆地城市所难以企及的“海域风光”。夜晚，辉煌的灯火与周围的海面交相辉映，

“海市蜃楼”不再虚幻。那里是城市的缩影，却是更加现代化的新型城市。

2001年破土动工的朱美拉棕榈岛有“世界第八奇迹”之称。该岛由一个棕榈岛树干形状的主岛、17个棕榈树叶形状的小岛以及环绕四周的环形防波堤三部分组成，总面积约31平方千米，工程总投资超过140亿美元，堪称当今世界上最大的陆地改造项目之一。棕榈岛工程被视为阿联酋迪拜酋长国近年来打造“世界头号豪华旅游胜地”这一总体战略目标加速发展的最新举措，完工后的朱美拉棕榈岛作为一座庞大的海上城市，将成为阿联酋新的标志性建筑。

20世纪80年代末，日本由于本国的国土面积狭小，人口众多，政府形成决议，决定在离东京120千米处的海面上建造一座巨大的海上城市——海洋通信城市，以作为未来2.5万个海上城市的首都。日本最大的13家建筑公司联合承包了这项宏伟工程。规划中的海洋通信城市可以容纳100万人正常居住，外加接待50万游客。

日本这个计划庞大的“海上城市”绝大部分由政府出资兴建。但一些私人也参与其中。实力雄厚的大林集团建造了一座海上摩天大楼——云霄都市2001。该摩天大楼的地址在东京湾内侧千叶县浦安外海约10千米处的海上，预计2020年正式投入使用。

这既是一座海上城市，也是一座海上大厦，比当今世界著名的西尔斯大厦还要高出3.5倍。楼顶高出海面2001米。大厦总建筑面积1100万平方米，分500个层次、25个单元，可供14万人长期定居、30万人就业。大厦内设有住宅、购物中心、学校、医院、娱乐场所等设施，还有办公机关及企业部门。由于它与内陆隔离，能源将自给自足。楼内可搭乘大型高速电梯上下，一次可乘百人左右，从楼底到楼顶层只需15分钟。整座大楼耗资将高达3260亿美元。

这个海上城市是建在100 ~ 200米水深的海面上，因此需要万余根钢铁立柱支撑。在这些钢铁立柱中装入先进的传感器设备，使其有预测台风、海底地震或海啸的功能。其城市的“板块”结构全部采用电脑自动控制系统调节力度,以确保海上城市的平稳性,使人感到在海上城市生活跟在陆地上一样。

美国也正在设计和建造海上城市。早在20世纪90年代，美国就已建成了一座浮游式的海上城市。这个城市的外形是一艘巨大的游轮，可容纳5000人在船上吃住，娱乐设施也应有尽有。目前美国正在建设一座规模更大的海上城市，这座城市是金字塔形，里面有学校、商店、居民区和游乐场所。在这个城市居住的人仅靠步行就可以到达城市的任何一个地方，从而避免了交通拥挤。城市的废弃物也可以反复循环利用。它的电源是太阳能，金字塔的两边为生产电流的太阳能仓库。金字塔前后表面为塔内房舍的凉台，里面为学校、商店、游乐场所和住宅，塔外有工厂和小型机场。

美国的这座海上城市需要有3万条巨型圆柱合成支撑，离海面6米。因排水量比本身重量大，所以能浮在海面上。这座海上城市将用十年建成。

中国的海上城市——一个以上海市花“白玉兰”为主体造型的海上人工岛——未来几年将呈现在杭州湾中。上海建设“海上城市”的战略研究规划已“浮出海面”。

规划研究中的上海“海上城市”选址于杭州湾北侧，位于奉贤区“碧海金沙”海湾旅游度假村以南约3～5千米海域。主体造型鸟瞰像一朵初放的上海市花“白玉兰”，总体布局为“一岛两桥、一轴四区、两环两园”。规划总面积约为6.5平方千米，设计承载人口达5万～8万，其中常住人口约3万人，流动人口5万人左右。规划的总体目标是通过2～3个五年计划或更长的时间建成一个具有国际先进水平和可持续发展的“海上城市”。

上海“海上城市”的建设方式基本采用填海式、浮体式、围海式和栈桥式相结合的综合施工模式。该项目主要在于拓展上海城市发展的空间，为综合利用海洋资源和城市建筑废弃物探索一条新路。规划研究中的“海上城市”

具有三大功能。一是具有拓展城市临海空间、吸纳人口的功能；二是具有提升滨海现代服务业能级，增强长三角区域辐射的功能；三是具有综合利用建筑废弃物，推进循环经济与节能减排联动的功能。据有关部门统计，上海每天产生的建筑废弃物约 3.7 万吨，约占城市固体废弃物总量的 30%。处置这些建筑废弃物需百亿元巨资，而研究、规划建设 “海上城市”，可为大量建筑废弃物找到新的处置方法，变废为宝。据测算，建设 6~7 平方千米面积的“海上城市”大约要 5400 万立方米的充填材料。

拟建的“海上城市”是未来城市，充分体现智能化、节能减排和生态型城市的要求。海上城市具备完整的商务、居住、休闲娱乐以及海洋科研等功能，它将成为杭州湾的一颗海上绿色明珠。

建筑废弃物俗称建筑垃圾，是建设或施工单位新建、改建、扩建和拆除各类建筑物、构筑物等过程中所产生的废土、废料和其他废弃物，目前德国、日本是循环利用建筑废弃物较高的国家，可利用废弃物生产出混凝土、水泥等。

千姿百态的人工岛

人工岛是人工建造而成的岛屿，通常是在小岛和暗礁基础上建造，是填海造陆的一种。作为进行海上作业或其他用途的场所，人工岛大多有栈桥或海底隧道与岸边相连。现代工业发达的沿海国家由于滨海一带城市拥挤、人口密集，城市的进一步发展受到很大限制，原有城市本身的居住、交通、噪音、水与空气污染等问题也很难解决，因此希望通过兴建人工岛来改变或改善上述问题。人工岛是利用海洋空间的方式之一，也是一种新兴的海洋工程。

中国在明朝嘉靖年间就有了建造人工岛的文字记载。江苏北部滨海淤积平原上散布着很多高数米至十多米的土墩台残丘。这些数以百计的墩台过去是为渔业、盐业和军事的需要，在潮间带的海滩上修建的，涨潮时耸立于海涛之中。随着海岸线东移，并入陆地的大部分土墩台被削平，少数至今仍保存良好。土墩台按其作用不同分为渔墩、潮墩和烟墩等。渔墩是渔民在海上捕捞或养殖时作为贮存淡水与食物、整理渔具、躲避暴风雨和候潮的临时活动场所。通常渔墩修建在靠近低潮位的滩地上，用贝壳和滩土堆成，台上筑有可以居住的棚舍。海岸线外移的过程中，渔墩便成为沿海第一批居民的新定居点。墩顶直径约 17 ~ 18 米，底部直径约 30 米，周围栽榆树、柳树等加固墩土以抵御风浪袭击。烟墩又称烽火墩，是海防的一种军事设施。它是在沿海低潮位以外的滩地上人工堆成的土墩，高约 15 ~ 20 米，每墩有 2 ~ 5 名士兵看守，遇到紧急情况时燃烽火报警。

现代人工岛用途非常广泛。可用于兴建起飞着陆安全、不对城市产生噪音污染的机场，停泊大型船舶的开敞深水港，易于解决冷却和污染问题的大型电站或核电站；可开采离岸不远的海上油气田和建造石油、天然气加工厂，开采海底煤、铁矿或建造海上选矿厂和金属冶炼厂；建造水产加工厂、纸厂、废品处理厂、毒品与危险品仓库等；还可以建造海上公园，甚至新的海上城市。人工岛的位置一般选在靠近海岸、水深不超过 20 米、掩蔽良好、附近有足够土石材料的海域。如利用岩质小山岛修建人工岛则更为经济。

20 世纪 60 年代，日本建造的现代人工岛最多，规模也最大，如神户人工岛海港。20 世纪 80 年代，日本建起神户人工岛，规模比较大。神户人工岛位于日本兵库县神户市南约 3 千米的海面上，呈长方形，东西宽 3 千米、南北长 2.1 千米，总面积为 4.36 平方千米，岛上居民为 2 万人。岛上各种设施齐全，有国际饭店、旅馆、商店、博物馆、岛内游泳场、医院、学校及公园，还有休闲娱乐场所和住宅。神户人工岛是当时世界上最大的一座人造海上城市，享有“21世纪的海上城市”之称。

神户人工岛上现代化的港湾设施约占全岛面积的55%。人工岛的外围除南部筑有防波堤外，其他三面共建有十二个集装箱码头和十六个班轮停泊站，可同时停靠二十七艘巨型海轮。

宽阔的市区占全岛面积的29%。在市中心，高达三十几层的“海上理想之乡”旅馆造型别致，充满现代气息。岛上林荫大道两旁，鳞次栉比的中高层公寓和私人住宅可供13万市民居住。市区内有国际交流会馆、国际展览场、时装中心、中小学校和拥有1000个床位的现代化医院以及室内游泳池和风景秀丽的公园，为居民提供了舒适的生活环境。此后日本又在大阪南港建造了面积约9.37平方千米的人工岛，接着又在横滨建了一个3.21平方千米的人工岛，在四日市也建了一个3.87平方千米的人工岛。

有人曾算了一笔账，战后五十多年中，日本新造陆地达2000平方千米，相当于26个香港岛的面积。1996年7月，一个像航空母舰甲板一样漂浮的人工岛出现在日本神奈川县横滨须贺市夏岛町附近海面。这座目前世界上最大的人工岛长300米，宽60米，高2米，是由九个四方形的钢板箱组成的，人们称它为“浮岛”。

中国海上“科学城”

南沙永暑礁海洋观测站是中国的一个人造岛，是人民海军工程部队和上海打捞局合力建成的。永暑礁在南沙群岛中部西南，底下是块月牙形的礁盘，长约27千米，宽约7千米。涨潮时，露出海面的一块最大礁石只有桌子大小，整个礁盘被海水浅浅地覆盖着。落潮时有一丛丛林立礁石，远远望去，海面上就像是矗立着一片无垠的塔林。

永暑礁包括一座可以停靠数千吨级舰船的码头和航道，一块相当于二十几个篮球场地大的人造陆地，一栋近百米长的主体楼房和其他设施。室内安装了最先进的海洋气象观测系统，可以及时观察报告南沙海域的多种水文气象参数，向联合国、太平洋有关组织提供水文资料，为各国来往船只提供海洋气象保障，填补了世界气象预报的一处空白。

迪拜“世界岛”

迪拜“世界岛”是在距迪拜海岸4千米处一块长9千米、宽7千米的海域内，按照世界地图的布局兴建的三百多座人工岛屿，是世界上最大的人造群岛，是迪拜著名的人造景观。

“世界岛”项目将用到3亿立方米的沙和3000万吨岩石，没有任何人造或化学材料，岩石全部来自于阿联酋各地的采石场，而沙子就取自迪拜。每座小岛没入水下16米，露出水面3米。因大小和位置不同，售价从350万英镑到2000万英镑不等。岛屿之间大约相隔50～100米，直升机和海上交通是惟一的上岛方式。每个岛屿之间都将有50米至100米宽的水域相隔。岛屿之间没有陆路交通，完全依靠海上交通，以确保各岛的独立性。岛屿开发商刻意将“世界岛”设计成与陆地不相连的孤岛群，好让岛上居民拥有一个远离喧闹尘嚣的清新脱俗的世界。整个“世界岛”占地5.5平方千米，当中包括约1平方千米的沙滩。工程据估算将耗资30亿美元。

对于这些人间天堂，很多人都会感叹金钱的威力。但实际上迪拜这些一掷千金的大动作后面隐藏着石油资源终有耗尽之时的危机。

1966年，人们在这里发现了油田，这一发现改变了迪拜人的命运。以王储为首的迪拜决策者曾千方百计地用石油换来的巨额财富寻找合适的投资目标，以未雨绸缪应对未来可能出现的石油资源枯竭。他们确立了大力发展旅游业，把迪拜建设成东西方之间的自由贸易中心、金融中心、商业中心和科技中心以吸引世界各地高收入阶层的发展政策。迪拜一位地产商将当局的政策总结为一句话：“房子盖了，人自然会来。”

另外，以色列政府现计划在内坦亚、特拉维夫等地兴建四个人工岛，每个人工岛会有大约 2 万人居住，并提供 1 万个职位空缺。这些人工岛将有助于缓解以色列城市以及加沙人口过分稠密的困境。

围海造陆

围海造陆是人类利用海洋空间的一种最古老的方式，也是人类拓展生存空间和生产空间的重要手段之一。围海造陆工程是指在拟建海域修建围埝、围堤等，并采用填筑建筑土石料、吹填淤泥等手段，再经过地基处理形成可使用的陆地。

随着世界人口数量的激增，人类活动空间不断缩小，世界范围内的大城市，特别是一些港口城市可利用的土地越来越少，从 20 世纪开始，世界范围内开始进行大面积的围海造陆工程。

荷兰是围海造陆大国，也是世界上公认的海洋管理和利用最成功的国家之一。荷兰也是世界上最早进行围海造陆的国家，自 1200 年以来，荷兰人民围海造陆共有 6925 平方千米，占目前全国土地面积的五分之一，其中 13 到 15 世纪，每个世纪荷兰围海造陆的面积为 350 ~ 425 平方千米。荷兰是闻名世界的风车王国，而荷兰早期的风车主要是满足围海造陆时的抽水需要。

荷兰西滨北海，是一个低地国家，全国约有四分之一的土地低于海平面。加上该国人口稠密，增加国土面积成为荷兰的主要国策。围海造陆在荷兰具有悠久的历史。目前荷兰有两项围海造陆工程：须德海工程与三角洲工程。

须德海原是伸入北海的海湾，面积 3388 平方千米。早在 1667 年就有人建议沿瓦尔登海北面岛屿修筑拦海大堤，但限于当时的经济技术条件，该计划未能实施。到了20世纪，1916年的暴潮使该地区遭受了严重损失，终于1918年荷兰议会通过了须德海围垦方案，1920年该工程开始正式施工。

须德海工程是一项挡潮围垦工程，主要包括拦海大堤和五个垦区。拦海大堤长32.5千米，堤顶平均宽度约为90米，设有四车道的高速公路，该工程共填筑土石料3850万立方米。堤间设有五孔泄水闸五座，200吨和600吨船闸各一座。拦河大堤把须德海与外海隔开，通过排咸纳淡等一系列措施，使内湖变成淡水湖——艾瑟尔湖内的洼地被分割成五个垦区，分期开发。维灵厄梅尔垦区于1926～1930年完成，东北垦区于1937～1942年完成，东弗莱沃兰垦区于1950～1957年完成，南弗莱沃兰垦区于1959～1968年完成。上述的四个垦区共开垦土地1650平方千米。马克瓦德垦区已完成大堤，湖内尚未排干垦殖。该垦区面积600平方千米。每个垦区均先建长堤，再抽干湖水。

须德海工程使防潮堤线缩短了45千米，改善了农田灌溉和排水条件，并可防止土地盐碱化。须德海大堤已成为连接荷兰东北部和西北部的重要交通干线。利用原河道可发展航运；艾瑟尔湖可提供淡水，以促进工农业和养殖业的发展；利用垦区水网，可发展旅游业。已建成的四个垦区已迁入约314万人，形成了繁荣的经济区。

荷兰南部斯海尔德河、莱茵河和马斯河下游的三角洲地区人口密集，经济发达，有世界名港鹿特丹港。但该地区地势低洼，河汊交错，容易遭受潮灾。1953年的暴潮使这个地区遭受了重大损失，共淹没土地2000平方千米，两千多人丧生。1958年荷兰国会批准了三角洲委员会提出的治理方案，开始对该三角洲进行治理。

三角洲水道上的其他三座闸坝分别是沃尔克拉克闸坝，1970年竣工；菲利浦闸坝，1986年建成；牡蛎闸坝，1986年建成，也设有船闸。三角洲工程使防潮堤线缩短了700多千米，提高了防潮安全保障和标准，可有效控制和管理三角洲水道，防止咸水入侵，减少了泥沙淤积并改善了水质，能更合理地利用水资源、更好地保护生态环境。

日本同样是世界上填海造陆最多的国家之一，“二战”后，日本新造陆地在1600平方千米左右，相当于二十个香港岛或十个神户市区。新陆地主要用于住宅、工业、交通三大方面。据日本史料记载，仅冈山县一地，在16世纪末就将儿岛湾填埋了90%，围垦出了上百平方千米的农业用地；九州的佐贺县经过上百年的不断围垦，增加了约三分之一的耕地；濑户内海，从1975年到2000年，填海造出的陆地超过了136平方千米。

从2000年开始，在新加坡市中心西部地区，人们几乎天天都可以看到一幅壮观的场面：带泵的挖泥船每天抽掉约1万立方米的海水，大型货车将沙土一车车地倒入海中……这里正在进行一项围海造陆工程。新加坡正踌躇满志，大展填海蓝图。

新加坡进行的这项工程总投资约10亿美元，竣工后将填出10平方千米的土地。这是自20世纪80年代初李光耀总理时期开始的围海造陆战略的一部分。由于新加坡土地有限，“花园岛国”在过去四十年一直与海争夺土地，已填出了100平方千米的新土地，这相当于澳门的四倍。也就是说，每十年增加一个澳门。新加坡的金融商业中心珊顿大道就是围海造陆的产物。

新加坡之所以致力于围海造陆，是因为他们相信要成为像伦敦、纽约一样的全球金融、文化、服务中心，必须有相应的土地面积和人口。实际上新加坡的人口1990年只有300万，可是通过积极接受外国人，现已增加到了450万。新加坡政府已制定了到2020年将人口增加到650万的方针。

不仅一些小的国家向海洋要陆地，大国也同样不落后。因为在市区买土地没有围海造陆合算。美国近几十年来围海造陆达20平方千米。世界最现代化的集装箱港之一——纽约伊丽莎白港，就是在海滨沼泽地填筑起来的；长岛机场是在潮间带上填土造陆建成的；加利福尼亚林康岛，离岸800米，如今为炼油工业基地，围海造陆5平方千米；波士顿市，历年都在向海洋扩展，平均每年造地填土1573万立方米。

印度也是围海造陆的一个国家，孟买市原来在离海岸16千米的孤岛上，后来经过人工填海200平方千米，与附近六个岛屿合并，如今成了半岛，市区的面积足足扩大了两倍。

从20世纪60年代中期至70年代初，我国也进行了大规模的围海造陆。这一阶段的填海主要以顺着海岸围垦为主，但围垦的方向已从单一的高潮带滩涂扩展到中低潮滩涂，同时土地的农业利用也趋向于综合化。围海造陆所造成的直接后果主要表现在大面积近岸滩涂的消失。

我国第三次大规模的围海造陆发生在20世纪80年代中后期到90年代初。这时的围海造陆主要表现在滩涂围垦养殖。该阶段的围海主要发生在低潮滩和近海海域，围海养殖的环境效应主要表现在大量的人工增殖使得水体富营养化突出，海域生态环境恶化。这几次大规模的围海造陆增加的土地面积约有12000平方千米，相当于现有滩涂面积的一半以上。

随着我国经济快速持续增长，我国正掀起新一轮的大规模的围海热潮，目前天津滨海地区进行着我国最大的围海造陆工程。就围海目的而说主要有三方面：一方面由于国家对土地的紧缩政策，围海造陆可以新增土地，从而增加耕地面积，实现土地的占补平衡；一方面海洋经济和临海效应在区域经济拉动中起着重要作用，围海造陆可以建设临海工业区、居住区以及休闲旅游区，实现“临海经济效应”；还有一方面是地方政府通过围海造陆可以增加土地面积，通过土地转让实现地方财政收入的增加。

中国的围海造陆成就不小，仅香港地区，填海造陆就达21.5平方千米，占总面积的2%，其中城市新建土地五分之一是海洋的延伸。澳门人造陆地有4.64平方千米，比先前的2.78平方千米差不多增加了一倍。繁华新城几乎都在填海造陆的土地上。后来又在氹仔大桥北侧进行了一个较大的填海工程，有 1.1 平方千米，等于将澳门扩大了六分之一。

中国大陆围海造陆的成绩同样显著。厦门港拦海筑堤，得土地 10 平方千米，为发展经济特区提供了土地。珠海市斗门县筑堤围垦白湖，十五年造地 20 平方千米，开辟了中国第一个农民度假村。全国沿海有滩涂 1 万多平方千米，其中一半宜垦，今已围垦 4000 平方千米，辟为农田、林地、盐场和鱼塘。据海洋局公布的数字，自 2002 年以来，经政府批准的填海面积为 741 平方千米，主要用于建设临海工业、滨海旅游区、新城镇和大型港口基础设施等。

围海造陆、围垦滩涂的利益很大，但也可能得不偿失，破坏生态平衡，加剧环境的污染。人工岛和新陆岸压缩了海域，改变了海岸岸线走向，势必引起海流的变化，破坏渔场，影响航运和养殖业生产。因此，每项造陆工程都应服从国土开发总体规划，进行科学的论证，权衡利弊，谨慎为之。

未来的海底家园

据专家预测，地球上的人口数量将每三十五年增加一倍，到 21 世纪中后期，世界总人口将突破 200 亿，陆地上的空间将无法满足人类活动的需求。人类或者迁居太空，或者回归海洋。

人们常说万物生长靠太阳，可在太阳系的众多行星中，为什么只有地球上存在生命呢？科学家们通过大量的天文资料研究分析后认为，对于生命而言，水比阳光更重要。而在茫茫外太空飞行的宇航员，也只见到地球身披湛蓝色的外衣，这湛蓝色的外衣便是覆盖在地球表面的浩瀚海洋。于是，生命科学家更加坚定地认为：大海是生命的摇篮，谜一般的生命从海洋中诞生。

当我们运用进化论观点去研究生命与海洋的关系时，竟惊奇地发现，世界上的一切生物，包括我们人类，都是来自海洋。自原始生命在海洋中诞生后，经过亿万年的不断进化发展，经历了一系列的进化过程：单细胞生物—鱼类—两栖类—爬行类—哺乳类，直到今天，在人类身上仍然留有许多来自海洋的印记。

一个很有趣的事实是，人的胚胎在早期发育阶段曾有过像鱼一样的鳃裂。用进化论来解释，就说明人类曾像鱼儿一样，也是起源于水中。人类的祖先也曾有过可以在海水中呼吸的鳃，虽然在漫长的进化过程中逐渐退化了，但在人的胚胎早期，仍留下了鳃的痕迹，也就是人身上的海洋印记。

人们都有过这样的体会，在吃东西时不慎咬破了舌头，从伤口流出来的血竟然是咸的，这也许是人类身上最明显的海洋印记。为了说明人身上的血液与大洋中的纯海水有着不可分割的密切关系，俄罗斯科学家还特地对海水和血液作了对比测量，发现海水和血液中溶解的化学元素的相对含量百分比惊人地接近。在海水中，氯为55%，钠为30.6%，氧为5.6%，钾为1.1%，钙为1.2%，其他元素为6.5%；而在人血中，氯为49.3%，钠为30%，氧为9.9%，钾为1.8%，钙为0.8%，其他元素为8.2%。

虽然，人血的含盐度要比普通海水低一些，但比世界上最淡的波罗的海的含盐度（0.2%～0.3%）要高许多。由此可见，人血带有咸味这一海洋印记在今天依然非常明显。而且科学家在地球历史考察中发现，在原始生命诞生时期，海洋中的海水并没有那么多盐分，其含盐量要比现在低得多。后来，大陆上的盐分逐渐随河水流入海洋，海水才慢慢变得咸起来。而到了鱼类进化到两栖类，并由海登陆的时候，海水也没有今天的咸度，只相当于现在人血的咸度。因此人类的远祖在登陆时只带有当时的海中物质，并以此代代相继，保留着人类仍旧可以适合在海洋中生存的条件，为人类回归海洋这一设想提供了强有力的科学依据。

虽然现在科学证明海洋是人类的诞生地，而且是一个非常适合人类生存的良好环境，但人类真的要回归海洋，遇到的最大困难就是呼吸问题。美国所拍的科幻片《大西洋底来的人》，其主人公麦克既能在“空气的海洋”里生活，又能在“海洋的空气”中生活，这样的两栖人目前是不存在的，但这绝非是导演和编剧凭空杜撰出来的，而是可以借助于科学逐步实现的一个目标。

那么，人类能不能像鱼儿一样在海洋里直接呼吸呢？几年前，荷兰物理学家约翰·启尔斯特拉博士对这个问题进行了研究。结果表明，人类原本是可以呼吸海水的，因为海水不仅与人类血液具有相似的参数，而且具有相同的渗透压力，因而两者可以和平相处，井水不犯河水。一个很好的证明就是在海里溺水的人要比在河里溺水的人生命维持的时间要长得多，其原因在于淡水伤害肺组织要比海水快很多，它很快会冲淡血液而致人死亡。

原来，在海中呼吸所遇到的最大问题是从血液中排出二氧化碳，二氧化碳在水里的溶解速度要比在空气中慢六千倍。如果可以在海水里加上一种添加剂，加速二氧化碳的溶解，这样或许就能解决人类在水中的呼吸问题了。

让人惊喜的是这一设想已经开花结果。美国北卡罗莱纳州杜克大学医疗中心潜水生理学家彼得·贝纳莱特博士找到了这种可供呼吸用的液体过氟化碳。成功远不止于此。最近，德国的科学家们运用过氟化碳原理成功地研制出“人工水肺”，佩戴上这种水肺，潜水员就不需要背上沉重的供氧罐，可以像鱼儿一样在海水中直接呼吸。发明人之一的迈克逊曾带着一只人工水肺试制品顺利地潜到水下30米，在水下停留了四十分钟。但随着潜水深度的加大及停留时间的加长，发现仍存在一些问题，比如头晕、胸闷等一些不舒服感，这说明人工水肺还没有调节压力的功能。尽管目前仍有很多问题需要解决，但科学家们对此信心百倍，人类回归海洋生活的日子将为时不远了。

人类真的要回归海洋，还需要提供人们安居乐业的海底家园。早在19世纪，法国科学幻想小说家凡尔纳就设想过人类可以在海底营造美丽的家园，为此，他写下了许多以海底为题材的科学幻想小说。而就今天的技术条件来看，凡尔纳的部分幻想已经能变成现实。

1993年，美国建成了世界第一家海底酒店，这家海底酒店为人类在海底世界安居乐业展示了美好的前景。这家酒店取名为“凡尔纳海底酒店”，位于美国佛罗里达州基拉各市的浅海底。

凡尔纳海底酒店约15米长、6米宽，最顶端离海面有9米。酒店在这90平方米内有卧室、客厅、厨房和浴室，能容纳六名住客。该酒店是用金属合成材料制成的，房间里安装了电脑、电话、录像、彩电、音响和微波炉等最现代化的家用电器设备。但最吸引人的还是从房间的每个窗口都可以看到海水中的鱼类和贝类，就如同身临水晶宫。酒店内还设有一个高3米、宽6米的“潜水室”，住客可以在那里换上带水肺的潜水服，到外面探索酒店附近的海域。

当然，海底酒店仅仅是表明人类可以在海底世界居住的一个雏形，人类如果要大规模地在海底营造家园，还必须解决赖以生存的自然条件，比如供房间内呼吸的空气，以及饮用的淡水和屋内照明问题，这些都必须自给自足。科学家认为，只要解决了海底供电问题，其他问题都将迎刃而解。

这时海水发电同样传出了令人振奋的消息。1995年，德国科学家艾勃哈特·霍伊斯勒利用压电塑料薄膜研制出了一种简单的海水发电装置。原来压电材料可以在机械加压或拉伸的情况下产生电能。现在的新型打火机就是利用压电原理点火的。受此启发，霍伊斯勒将地毯状塑料薄膜固定在海底，另一端则固定在浮子上。当薄膜受到海水压力时，便会产生电能。在海面之下，塑料薄膜深入数百米深的水下就能产生起伏，每8万平方米可生产1兆瓦电力。当然，在解决薄膜对压力的承受力之后，能到更深的海底去发电，其发电效率将会成倍增加，到时，海底家园的供电问题就可以圆满解决了。

目前，以色列计划建造一个海底餐厅，德国要在本世纪初营造海底公寓，日本要在21世纪内建造两万多个海洋城市，美国要在本世纪内完成环绕夏威夷的海底城堡。这种你追我赶的科学精神将使人类回归海洋指日可待。

如果人们生活在海洋中，那么海中的交通问题需要提上议事日程。英国伯明翰工程师尼恩新发明了一种新颖的“水底无轮摩托车”。水底摩托虽然解决了海底居民的短途旅行，但专家们认为，开设两栖型的水下列车才是21世纪最安全、最经济的交通工具。

1993年，日本的海洋动力学家、列车专家和潜水艇专家汇聚一堂，专门对制作出来的水下列车实物模型进行了全方位的科学论证及技术探讨，并计划在未来研究出可投入使用的样车，这种未来的两栖型水下列车在陆上时速为200千米，潜入水下33米深处后的时速为80千米。

列车在海水中快速行驶会遇到海水的阻力以及湍流、潜流、海水对流等问题。对此，日本科学家决定将列车的车身借助导向轮固定在高架单轨水下铁路路基上，并借助潜水艇使用的垂直和水平稳定器使列车在深水中行驶时能够保持车身的平稳。另外，水下列车上装有先进的线性发动机，进入海底后，单轨铁路路基上特制的带电线圈产生磁场，与列车车身上的电磁铁相互作用，从而驱动列车在水中快速行驶。

美国、英国、法国、德国等国的专家也认为，水下列车的研制已无任何技术上的障碍，问题是铺设于海中的单轨高架铁路。这项工作难度颇大，谁先解决这个问题，谁将先使用水下列车。美国一旦解决了这一问题，将首先开辟从本土到夏威夷的水下列车。

乘坐水中列车来到神秘的海底世界，你将领略到海中的特有风光：海龟将从你身旁闪过，虾兵将向你迎面扑来，鱼儿在你头顶嬉水，海豚将尾随你游荡，千姿百态的珊瑚将在你的脚下摆动……你仿佛真的来到东海龙王的水晶宫而流连忘返。

海上浮动机场

向海洋空间要资源还表现在沿海各国修建了不少机场。这些机场大致可分为四类：一是填筑式，二是围海式，三是漂浮式，四是桩柱式。一个国际机场的占地面积可建造一座几万人口的城市，在沿海大城市外围找到这样大的空地几乎是不可能的，出路便是向海洋要地。

日本有两个海上机场。日本长崎的箕岛海上机场于1975年正式启用。箕岛原有面积不到1平方千米，填海扩大到约2.5平方千米。有一条3000米长、60米宽的全天候跑道，一条3500米长的滑行道，一个7.4万平方米的矩形停机坪，一座连接大陆的大桥。每日起落21航次，年吐纳旅客200多万人，并与我国上海通连航班。

1994年，大阪市在距海岸5千米的海面上建成了关西国际机场。关西国际机场是世界最大的半潜式钢铁巨岛，总面积达7.6平方千米，其中79%由浮体支撑，21%填海而成。钢铁浮体连成一个“人造平原”，并在上面构筑了4000米和3200米长的跑道以及候机坪、指挥系统、维修系统。后勤系统建在填岛上，有栈桥与大陆相连。该机场总造价为40亿美元，年起落飞机可达26万架。

20世纪初，世界上就已经有了航空母舰，它就是利用海面浮体作为机场。那时人们只知道用军舰甲板作为机场，用以起降飞机，增大作战飞机的作战半径。也许是受到这个启发，后来人们就开始修建海上机场。1934年，美国人在海上建成了联系纽约与百慕大之间交通的海上机场，机场是浮动式的，这应该是人类最早的海上机场设施了。

后来，美国海军为了适应战略转移，更好地实现“前沿存在”的战略，并及时运送兵力，设计了一种能在海上浮动的“人工岛”。这种“人工岛”不需要填土建造，而是由六个较大的舱段组成。每个舱段相当于一个模块，每个模块均采用具有较好稳定性的双体结构。每当任务需要时，就将各舱段拖到该地区，拼接成一个长 900 米、宽 90 米的“海上浮动机场”。这种“海上浮动机场”可载两百余架飞机，是目前世界上最大的航空母舰载机数的两三倍。可以预见，其作战威力十分强大。

美国还在纽约建起一座桩基式的海上机场，就是今天的拉瓜迪亚机场。它是在水深 13 米的海中打入 3072 根桩，飞机场就建在这些桩的上面，是世界上第一个桩基式海上机场。

中国的珠海机场是中国第一个填海建成的机场。它坐落在珠海西区三灶岛的沿海滩涂上。1992 年底，广州军区空军的一支工程部队打响了建造珠海机场“通天路”的三大战役。一是移山填海的大爆破，将两座小山神奇搬掉，用以填海并留部分碎石待用。二是治理软基。该机场全长 4000 米的跑道有 90% 以上是软地基，淤泥一般在 2~3 米深，最深处达 40 米。官兵们先是揭、挖、运走表面 185 万立方米腐土，然后回填石料 109 万立方米，打沙井桩 123 万立方米，并用高 16 米、重 16 吨的大锤，将 4000 米的跑道一点点夯实，硬是营造出 4 平方千米的一块平原。三是战胜台风。珠江三角洲是个多台风地区。1993 年 8 月的一次台风曾将一艘 200 多吨的货船刮到离海 30 余米的岸上。官兵们在台风季节不畏艰难，顽强拼搏，终于在两年零三个月的时间里，建成了一座大型的国际机场。

以上我们只是举几个典型案例，实际上许多国家都在建或建起了各种海上机场，充分地利用海洋提供的空间资源。实践证明，现代经济越是发展，对机场的需求量就越大。但是城市土地昂贵、紧张，修建一个现代化机场需要大量土地，而在海上修建机场，既可节省陆地土地，也可避免给城市带来飞机噪声公害。

海上娱乐场所

在陆地土地面积日益紧张的趋势下，把占地面积较大的娱乐场所、公园向海上和海底迁移，同时充分利用海洋特有的魅力，在沿海岸较近的海域开辟新的海上水下旅游点，这既使人们在节假日能得到休闲和快乐，又能促进旅游、娱乐业的发展。海洋为人类提供了休闲娱乐的新景点，促进了旅游业的大发展。

建立大型的海上娱乐场所，日本人在这方面比较早。他们从20世纪70年代开始，就在离陆地几千米的海上建造人工岛，岛上建码头、企业、居民点、休养所等，然后在人工岛的周围与陆地之间创造一个平静海域，或者在人工岛周围设置一个平静海域，把它建成娱乐场。

日本人建造海上娱乐场所既满足了不断提高的休闲娱乐需求，也充分利用了海洋资源、海洋空间资源，使人们有一种回归大自然的愉悦感。这些场所一般来说都比较平静、安全，可活动时间也很长，不但青年人喜爱，也吸引了许多老年人参与。

新的海上娱乐活动充分利用了海洋的特殊魅力，巧妙地利用海洋的波浪、流动、水压、海水浓度等特性，开辟了新的活动项目。目前各国正在研究的或处在试用阶段的主要有如下一些项目：

1. 透明密封座舱。它是一种耐用型透明球体座舱。人一进入里面就不会被海水弄湿。它能随波逐流，人在里面能享受随波逐流之趣。无风浪时，球体中的人也可自行动作，使座舱在水中自由活动。

2. 漂浮气垫。它是一种装有小型马达的气垫。使用时，先让它以低速向人工岛前进，然后让它在海面上漂浮。人在上面很快能消除疲劳，从而体验到一种悠闲自得的感觉。

3. 浮标步行通道。它设置在海面上，能随波上下浮动。人在上面行走犹如在摇晃的吊桥上行走一样，别有一番情趣。由于是平静的海域，因此浮标晃动幅度不大，很安全。通道有部分淹没在水中，又让人有水上散步的美妙感觉。

4. 音响护岸和沉箱。把波浪撞击护岸和沉箱的声音放大，并改编成优美的能拨动人们心弦的波浪之声，使人听后疲劳感、紧张感一扫而光，心情异常舒畅。

5. 海中浮动通道。利用海底合适的地形，在珊瑚群、海藻群中建成步行吊桥，形成宽广的步行长廊。人们戴着水中呼吸器在其中走路过桥，直接接触大海，极有情趣。

6. 海中养殖园。在水中建立鱼类、贝类、海藻培育基地，还可建立自由捕捉鱼类、贝类的渔猎场，以增加活动的乐趣。

7. 海滨剧场。利用海滨夜色建立开放型电影院、剧院。从沙滩上眺望海上银幕，影片在夜色迷蒙的银幕上放映，使人有一种梦幻般的感觉。此外，在海上也可建立电影院，让观众边在海上纳凉边看电影。

8. 旋转型码头。由于码头可以旋转，船从码头出发就能受到理想风向的风推动，使人情趣大增。

建造海上大型娱乐场的地域无特殊要求。许多大洋沿岸温带地区海岸都有条件建立。有不少国家已经建立了此类娱乐场所，并正在逐步增加一些新的内容，深受人们喜爱。

近些年来水上运动很受年轻人的喜爱，帆板和冲浪运动成了新兴的项目。帆板运动具有帆船、冲浪、滑水运动的特点，能增强臂力、腹背力和腰腿部力量，锻炼身体的平衡能力和灵敏性，并能锻炼意志，培养勇敢精神，是一项有益的体育活动。此项运动起源于夏威夷，如今普及到许多国家。1990 年在中国举行的亚洲运动会上，在河北省秦皇岛市举行的七个项目中，中国夺得两块金牌、三块银牌，如今秦皇岛已成为我国帆板运动的基地。2008 年中国举办奥运会，青岛兴建了大型海上帆船赛海上运动场。我们深信会有更多的爱好者参加水上运动，这将成为集旅游休闲、娱乐、运动为一体的产业。

海洋密码科普丛书

书　　名　蓝色宝库
编　　著　阎　安
责任编辑　陈爱芳
出版发行　凤凰出版传媒股份有限公司
　　　　　江苏凤凰教育出版社(南京市湖南路1号A楼　邮编210009)
苏教网址　http://www.1088.com.cn
照　　排　南京紫藤制版印务中心
印　　刷　镇江中山印务有限公司(电话0511－86917816　86917818)
厂　　址　丹阳市朝阳路1-3号
开　　本　787mm×1092mm　1/16
印　　张　9.75
版　　次　2014年12月第1版
　　　　　2017年1月第2次印刷
书　　号　ISBN　978-7-5499-4457-6
定　　价　25.00元
网店地址　http://jsfhjycbs.tmall.com
公 众 号　苏教服务(微信号:jsfhjyfw)
邮购电话　025-85406265,025-85400774,短信02585420909
盗版举报　025-83658579